平面设计与印刷工艺

Printing Technology

Graphic Design

赵小林 编著

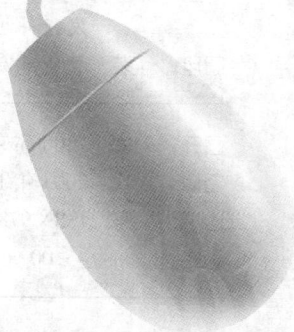

中南大学 出版社

图书在版编目(CIP)数据

平面设计与印刷工艺 / 赵小林编著. —长沙: 中南大学出版社, 2003.10(2020.6 重印)

ISBN 978 - 7 - 81061 - 773 - 4

Ⅰ.①平… Ⅱ.①赵… Ⅲ.①印刷－平面设计－高等学校－教材②印刷－生产工艺－高等学校－教材 Ⅳ. ①TS801.4②TS805

中国版本图书馆 CIP 数据核字(2020)第 113631 号

平面设计与印刷工艺

赵小林 编著

□责任编辑	陈应征	
□责任印制	易红卫	
□出版发行	中南大学出版社	
	社址: 长沙市麓山南路	邮编: 410083
	发行科电话: 0731 - 88876770	传真: 0731 - 88710482
□印　装	长沙市宏发印刷有限公司	

□开　本	730 mm × 960 mm 1/16	□印张 16.5	□字数 242 千字	
□版　次	2003 年 10 月第 1 版	□2020 年 6 月第 10 次印刷		
□书　号	ISBN 978 - 7 - 81061 - 773 - 4			
□定　价	45.00 元			

前　　言

　　平面设计 (Graphic Design)，从空间概念来界定，泛指以长、宽两维形态来传达视觉信息的各种传播媒介。从制作方式来界定，过去通常是指在设计中所有最终通过印刷手段来完成的作品。随着现代平面传播载体的不断丰富，我们现在可以将它分为两种基本形式，即印刷类平面设计和非印刷类平面设计。

　　印刷 (Printing) 是现代传播媒介中应用最为普及和广泛的载体，它是人们进行信息交流和思想传播的重要手段，也是推动人类文明进步的工具。

　　印刷术是人类历史上最伟大的发明之一，是一门具有悠久历史的传统工艺。印刷设计和印刷工艺像一对孪生兄弟，同生共长。过去我们谈印刷发展历史时，往往偏重于印刷技术。实际上任何一个时代的印刷品都是那一时期科学技术和审美观念的集中体现，印刷设计，无论是审美观念，还是设计方式和制作手段的发展和演变，都是随着印刷工艺和技术的发展而不断地变化更新的。印刷术的形成、发展和演变的历史，其实就是印刷工艺与平面印刷设计艺术相互依存，共同发展的历史。诺贝尔奖获得者李政道先生曾说过："科学与艺术是一枚金币的两个面，最好的科学是艺术的，最好的艺术是科学的。"用它来比喻印刷工艺与印刷平面设计，同样是非常精辟和贴切的。

　　印刷术经历了最早的雕版印刷、活字印刷、照相排版、电子分色制版到现在的计算机桌面出版系统 (Desktop Publishing) 的发展过程。从最早开始于我国隋唐时期的雕版印刷到今天的数字化印刷技术，已经有 1000 多年的历史。印刷工艺的发展，我们可以把它大致划为三个大的时期，即最早的雕版印刷、活字印刷时期，欧洲工业革命后的机械印刷时期和现代数字化印刷时期。今天，随着计算机技术的发展普及与在印刷领域的广泛应用，给印刷工艺带来了翻天覆地的变化和飞速的发展。计算机硬件和平面设计软件的不断升级更新和完善，不仅使印刷工艺和技术产生了革命性的变化，同时也改变了传统的印刷设计方式和手段。今天我们通过计算机技术所应用的所有印刷设计方式和印刷工艺，在20年前都是人们所不可想象的。彩色桌面出版系统的出现，像一条跨越时空的纽带，将平面设计与印刷工艺更加紧密地联系在一起。

　　一个完整的印刷品的产生，从设计素材的收集、整理，到最后获得印刷成品，要经过创意设计、制版、印刷、印后加工等工艺流程，它所涵盖的专业和层面很广。印刷品的创意设计是建立在造型艺术、视觉语言传达艺术和美学、心理学等社会人文学科基础之上的。而印刷品的加工制作技术则是以光学、化学、机械学、电子学等科学理论为基础的综合技术。所以，任何一件精美的印刷品都是科学、艺术及技术的结晶。设计师无论是在印刷设计最初的创意设计阶段、还是从制版过程中分色参数的选取、灰色平衡数据的设定、阶调层次的再现，以及从印刷过程中的水墨平衡的控制、印后的覆膜、上光、压型、装订等，无一不是运用现代科学技术的手段表现出时代的美学观点。从实际意义来讲，印刷是传播美的历史和美的艺术再现的过程，也是追求尽善尽美的过程。因此作为一个平面设计师，只有对整个印刷工艺和材料都有全面的了解，才能设计出具有新意、个性和特色的印刷精品。

　　作为21世纪合格的职业平面设计师，除了具备传统设计师的基本能力外，熟练地操作运用电脑，全面地了解印刷工艺，是其必备的专业技能。

　　本书主要针对的对象是高校平面设计艺术专业的学生，广告公司的平面设计指导、以及正在从事或准备进入广告、新闻、出版、包装、印刷等相关行业的非印刷专业毕业的从业人员。

目　　录

第 1 章 平面设计概述

平面设计是人类设计史上历史最为悠久的一个设计门类，我们的祖先最早创作的原始崖画和象形文字，就是平面设计的开始。随着人类社会的发展进步，人们对社会劳动的各种分工逐渐有了系统化的认识，"设计"这一概念逐渐具有了特别的意义。从而区别于绘画和书法等其他概念。

"平面"一词的含义即指具有长、宽两维空间的平面载体，"设计"一词来源于英文 Design，它由意大利语 Disegno 演化而来，原意有"素描"和"构图"这两层意思。随着时代的发展，它的含义发生了很大的变化。在 Design 的现代用法中，它主要是指对外观的要求，并且是在实用和经济的各种要求的变化幅度当中，通过引人的外观或流行的式样来影响市场的能力。

平面设计作为一门科学的系统和专业，产生于 18 世纪的欧洲工业革命之后。1919 年，德国著名建筑学家沃尔特·格罗佩斯创立的"国立魏玛包豪斯工业设计学校"，成为世界上第一所将美术与工艺、技术和科学结合为一体的学校，是现代设计的先驱和摇篮，并成为欧洲现代主义设计集大成的核心。欧洲整整半个世纪对现代设计的探索和实验，在这里得以完善，并形成体系，影响全世界。对于平面设计来说，包豪斯所奠定的思想基础和风格，象征着一个新时代——设计的文明时代开始了，从而结束了设计的从属地位，使之成为一门独立的新兴学科。平面设计也从此逐步形成一套系统完整的科学和教学体系，被世人所公认和接受。

1.1　平面设计基础

平面设计作为一门专门的学科体系，同时也作为一门专门的职业，应该具备那些专业方面的基础知识和技能，是设计界的许多理论家、教育家、专业设计师和准备从事这一职业的学生们最为关注的问题。这里作者从十多年来从事平面设计专业教学和设计实践的经验，站在平面设计实际应用的角度，对平面设计基础做一个大致的归纳。

1.1.1　造型基础

平面设计属于造型艺术的一个门类，造型基础的训练是平面设计的基础。

虽然随着照相技术和计算机辅助设计的广泛普及与应用，在实际的设计工作中需要平面设计师手工绘画和写字的机会很少了，有时在设计过程中甚至不用画笔和画纸，但作为造型艺术的基础训练，仍然是平面设计师不可缺少的专业技能，也是高校设计艺术专业录取学生的专业水平评判标准。

平面设计的造型基础要求和基础训练与其他设计门类甚至包括绘画和雕塑等艺术门类一样，以素描和色彩为主要训练手段。但在今天，对于平面设计专业来说，更重要的是通过素描与色彩的基础训练，培养和锻炼学生对客观对象的观察、理解和表达能力，运用造型艺术语言对客观对象的各种复杂结构在不同光影和角度下的形态、明暗层次、影调、色彩变化的敏锐感觉和对整体与局部表现的控制能力等，通过素描与色彩的基础训练，同时也使学生对与造型艺术紧密相关的学科如透视、构图、解剖、色彩原理等基础学科有更深的了解和实践。

一个从事造型艺术的设计师或艺术家，他对视觉艺术语言所应具的感受、领悟和表达能力，大多从这些基础训练中得来。

一个经过系统和严格造型基础训练的平面设计师，我们会从他的设计作品中明显地感觉到他的造型基础的功底深浅的程度。是否经过这种训练，有时甚至成为划分专业或业余水准的标准。

素描和色彩训练除了基础训练之外，作为设计专业来说，还会进行专门的专业素描和色彩训练，如结构素描、装饰色彩等。

1.1.2　专业基础

经过造型基础训练之后，接下来是专业基础的学习和训练。其主要内容有平面构成、色彩构成、立体构成、基础图案、字体设计、装饰画、书法、摄影基础、专业绘画（如徒手绘、喷绘）、计算机基础等。

平面设计与纯绘画、雕塑虽然同属于造型艺术，但它们无论是在设计（创作）观念还是表现手法上，又有着很大的区别。由于一般设计艺术专业的学生都是从学纯绘画开始，因此，对他们来说，平面设计的专业基础的训练既是一个重要的转型阶段，又是新的开始。

平面设计专业的基础训练是培养设计师了解和掌握造型艺术中设计艺术所特有的视觉艺术语言、形式美感和表达方式。如平面构成中的重复、近似、渐变、发射、变异、集结、对比、空间、肌理；构图中的和谐、对称、均衡、比例、视觉重心、对比与统一、节奏与韵律；图案中的单独纹样、适合纹样、对偶纹样、自由纹样和二方连续、四方连续，以及计算机美术中的计算机基础、计算机图形设计软件、图像设计软件、网页设计软件和排版设计软件等。

平面设计的专业基础训练在正规的教学中是培养专业平面设计师最重要的一个部分，完整地掌握和灵活地运用平面设计中的视觉传达艺术语言，将为设计师在以后的设计实践中打下坚实的基础，提供广阔的创造和发展空间。

1.1.3 理论基础

平面设计首先是一个创造性的思维活动，平面设计的视觉传达语言只是表达设计师的创意和设计思想的工具。对于一个设计师而言，仅仅掌握这一语言工具的运用是远远不够的，全面的专业理论知识和广博的艺术修养，丰富的想象力和创新能力，是每一个优秀的设计师所必须具备的专业素质。这也是区分"设计师"与"电脑美工制作师"的根本所在，在传统绘画艺术中，人们习惯用"画家"和"画匠"对他们予以区别。

在高校设计艺术专业的教学中，要求一个未来的职业平面设计师首先必须对以下的学科和领域具有系统全面的了解，它们是中外美术史、设计史、美学、文学、哲学、广告学、市场学、消费心理学等。学无止境，更多的知识和经验靠设计师在以后的职业生涯中去不断地学习和逐渐地积累。

1.1.4 专业设计基础

专业设计的训练内容主要有标志设计、招贴广告设计、封面设计、书籍装帧设计、POP 广告设计、DM 设计、CI 设计、包装设计、广告摄影、计算机平面设计（图像、图形、字体、排版设计）、版面设计、印刷设计等。

专业设计的训练是把造型基础、专业基础和专业理论基础知识综合起来，针对平面设计中的各主要设计种类，结合具体的设计内容进行的整合训练。通过这一系列的训练使学生对平面设计所包含的主要设计种类和它们各自的特点、规律、表现手法等有全面深入的了解和认识。为将来的平面设计实际工作打好基础。大量的设计实践，是成就一名合格的平面设计师的重要保证。

成为一名优秀的平面设计师，除应该具备以上的专业知识和经验之外，还应该花时间和精力多分析研究中外优秀的平面设计作品。平面设计艺术是一门发展极为迅速的学科，只有不断地学习和广泛地吸收，才能使自己不被时代的进步和发展所淘汰。一个生活在封闭狭小的生活、工作、学术和设计环境里的平面设计师，无论他过去接受的专业技术训练多么系统和全面，也无论他的实际经验多么丰富，如果不随时补充学习，也很难设计出具有创新意识和时代气息的设计作品，并且很容易走进固步自封、孤芳自赏的死胡同里。

随着计算机在设计领域的广泛普及和应用，今天绝大多数的印刷类平面设计都使用电脑进行设计和制作，把设计师从传统的手工设计制作中解放了出来，设计师再不需一笔一画地在设计稿上描绘各种图像和书写美术字了。同时电脑平面设计中千变万化的特技效果和表现手法，对现代平面设计的艺术风格、审美趋向也产生了深远的影响。但这并不等于平面设计的专业基础教育已经没有意义和必要了。现在有些电脑平面设计短期培训班的招生广告声称只要参加几个月甚至只要十几个晚上的电脑培训，学会两三个平面设计软件的基本操作，就可以成为一个平面设计师，这无疑是对平面设计艺术这一学科的肤浅理解。

计算机在平面设计领域的普及和应用，的确对整个平面设计带来了革命性的变化，产生了非常深刻的影响，但计算机毕竟只是一种新的设计工具，而绝对不是只要知道怎样使用这一工具就成为了平面设计师，就像并不是只要学会电脑打字就成了一名文学家或诗人一样。

1.2 平面设计的分类

平面设计，以其作品最终完成的载体为标准，可以分为印刷类平面设计和非印刷类平面设计。但它们在设计原理上是相同的，在使用的设计工具和手段上也大体一致，其主要的区别是其视觉传达语言所依托的载体和后期制作加工上的区别。

以印刷为最终载体的平面设计不仅是历史最为悠久的，而且在今天的整个平面设计工作中所占比例仍然是最高、涉及的范围和内容最广、设计和制作难度相对而言也是最大的一种。以印刷为最终载体的平面设计仍然是今天平面设计师面对的主要工作，可以说平面设计师的绝大部分工作最后都将以印刷来实现。

1.2.1 印刷类平面设计

我们平时所接触到的书刊、报纸、杂志、画册、广告招贴、明信片以及众多的产品包装、说明书、礼品袋，还有日常生活中所使用的票据、账单、纸币等等，都是通过平面设计师的设计和印刷厂的印刷加工出来的作品。可以说它深入到了人类社会的政治、经济、文化、教育、军事等各个方面，以及人们的衣、食、住、行和娱乐等几乎所有领域，是其他任何传播载体都无法替代的。

1.2.2 非印刷类平面设计

非印刷类平面设计的范围虽然比印刷类平面设计小，但较繁杂，它小到商场中手绘的POP广告、产品宣传卡片，大到巨型的户外平面广告、宣传画，今天我们随处可见的电子显示屏和计算机网页设计，也都属于非印刷类平面设计的范畴。

1.3　印刷类平面设计的特点

1.3.1　涉及的范围广泛

以印刷为最终载体的平面设计所涵盖的设计形式和服务的对象，在我们日常生活中几乎无处不在，按印刷品服务对象来划分，可将其分为出版印刷、广告印刷、包装印刷和特种印刷四个大类。

非印刷类平面设计所涉及的种类相对而言要少得多，现在应用最广的户外平面广告大都以计算机为主要设计工具，最终以电脑彩色喷绘输出来完成作品，户外平面广告一般只有尺寸大小和比例的变化，相对印刷类平面设计来说，无疑要单纯得多。网页设计是随着计算机与互联网的普及而兴起和发展起来的一种新的平面设计形式，与之相关的还有如电子书籍、电子屏广告设计等，都是从传统的平面设计中派生出来的，和普通平面设计有许多共同之处，但从发展的角度和严格意义上来讲，它们应该归属于多媒体设计，或计算机网络设计。

1.3.2　制作加工工艺复杂

印刷类平面设计的制作加工工艺相对于非印刷类平面设计来说，也要复杂很多，如印前的出片制版、打样，印后的覆膜、上光、烫箔、压型、装订粘合等。它所涉及的工艺流程、加工设备、加工材料繁多，任何一道程序或工艺出现问题，都将对整体设计效果产生影响。

户外平面广告的制作现在一般都是通过电脑喷绘完成，正式喷绘之前只要通过电脑打小样后给客户认可，整个设计师的工作也就基本完成。网页设计则由于最终设计效果是通过电脑显示屏来完成，不存在设计样稿与最终设计成品之间的差别问题，是真正意义上的所见即所得。而印刷类平面设计的最终设计效果是在印刷品上体现，从设计到最后印刷成品的完成，设计师和客户要经过电脑显示屏、电脑色彩打样、印前机械打样来对设计稿进行修改、调整、校对和审样，而电脑显示屏、电脑彩色打样和印前机械打样，它们本身相互之间就存在着很大的差别，而它们与最后的印刷成品的差别就更难准确把握，这就需要设计师有丰富的印刷实际经验，对印刷中各工序的工艺流程和使用的材料对印刷物成品的色彩、影调层次的影响有充分的预见性。另外，它还需要设计师与输出中心的技术人员、印刷技师、印后加工人员的协调合作，才能使印刷成品准确完美地达到预期的设计效果。

1.3.3 对图像质量要求高

由于印刷工艺原理对图像复制还原的技术要求的特殊性，它对印刷用原图的图像尺寸和色彩影调质量要求都很高，这对设计师在进行印刷类平面设计前对设计素材的拍摄、收集、选择和色彩影调的调整，都提出了更高的要求。以一幅 20 × 14cm 的彩色图片为例，如按四色胶印的技术要求对文件的模式、分辨率进行设置，其文件像素为 15M。如果按户外平面喷绘广告的要求来设置，其文件像素只有 1.66M。如果按网页文件以电脑彩色显示模式进行设置，整个文件像素仅有 660K，远远低于印刷工艺对图像文件的尺寸要求。

印刷类平面设计对原始图像文件的要求不仅对图片的拍摄、收集和选择增加了难度，同时对电脑硬件的配置也提出了更高的要求。大幅图像的文件在低配置的电脑中运行速度很慢，许多电脑图像的特技处理根本无法进行，有时甚至无法将文件打开。因此一般用于印刷类平面设计的电脑系统都尽量选择最高的配置。

1.3.4 无法对印刷成品进行修改

印刷类的平面设计，当设计作品变成印刷成品之后再发现错误和问题，通常都将无法修改和挽回，即便有时可以利用一些补救措施（如粘贴刮补等），但都会影响其产品的质量，并增加制作成本。特别是那些印刷量特别大的产品，一旦出现无法补救的错误，就是一堆废纸。不仅会造成极大的经济损失，还会延误工期，在客户中造成无法挽回的不良影响。

户外平面广告则由于它不像印刷品是属于大批量复制的产品，因此即使喷绘完成后发现问题和错误，最严重的后果也只是重新再喷一张或几张即可，不会造成很大的经济损失。而网页设计和制作一旦发现问题或需要对设计内容进行补充修改，则可随时在联网的电脑上进行，更为便利快捷。因此从事印刷类平面设计的设计师，肩负的职业责任和风险更大。

1.4　印刷类平面设计的种类

1.4.1　报纸广告

　　在众多的广告媒体中，报纸是仅次于电视的最大也是最受重视的广告媒体。在所有的平面印刷广告媒体中，报纸广告是数量最大、传播范围最广、影响力最强的媒体，一直占据着平面广告媒体的绝对主导地位。

　　近代报纸最早始于1609年德国的《关系报》，但最早刊登广告是在1650年英国伦敦的一家报纸上，其广告内容是寻找12匹被盗的马匹。由于报纸媒介能很快将广告信息传播给受众，因而能得到迅速发展。1940年，美国的日刊报纸平均为31版，广告占40％，到1980年，报纸平均版数为66版，广告占总版数的65％。据有关资料显示，我国每年投入的广告费为40亿元，其中电视广告占40％，报纸广告占33％，并且仍呈现上升趋势。

　　报纸广告的表现力随着科技的进步，印刷水平的提高，已经发生了质的飞跃。激光照排和彩色胶印技术的普及、印刷纸张质量的提高，以及逐步实现

图1.1

图1.2

了的信息资源联网，版面卫星远程传输，一机多版印刷和彩报的日益增多等，为报纸广告的设计创意和艺术表现提供了更为广阔的空间。

(1) 报纸广告的优势

A.发行量大、受众稳定。广告的表现必须以普遍性为基础，报纸的发行量大、普及率高，尤其是新闻性日报，覆盖着城乡广阔的地域，拥有众多的读者群，这是任何广告媒体都无法与之相比的最大优势。现在我国省级报纸的发行量最大的已经达到100多万份，一般都在10万份以上，因此报纸具有巨大的信息传播范围，适合于任何一种商品和服务广告宣传（见图1.1～1.4）。

任何报纸都有一批稳定的读者，有的读者所读的报纸还不止一种。一般而言，报纸的读者一方面层次面相当广泛，同时他们又是社会消费的主流群体。报纸为广告开拓了广阔的读者天地，使信息传播渠道畅通，空间辽阔，广告主可以根据目标市场的不同有针对性地选择某种报纸。

B.信息量大、可信度高。电视广告是以秒来计算，由于其播出时间短促，故无法对信息做详尽介绍。而报纸广告则不然，它的版面多、篇幅大、信息量丰富，可供广告主选择的余地也大。它可以利用其弹性空间对信息作较自由地传递，广告信息根据需要可长可短，可繁可简，再详细的广告内容报纸都可承担，并可根据需要随时增版扩版。更由于它可采用连载的方式，使信息接连不断地向社会发布，为悬念性、连续性和跟踪性的平面广告创意设计提供了广阔的平台。

在我国，许多报纸是作为党和政府的机关报来报道事实、发表意见的，在读者中享有较高的威信，这无形中提高了报纸的社会地位，使之更具权威性和影响力，增加了读者对报纸的信任度，从而使广告在无形中也增加和提高了可信度，广告效果更加明显。

C．易于保存、便于阅读。报纸可以保存、易于积累、便于收藏，无形中为消费者查阅他们所关注的广告信息提供了方便，较之瞬间即逝的电视广告更显示其久远性。同时对于读者而言，具有无论何时都能阅读的适应性。而不像其他媒体受到各种条件和时间、地点的制约。

D．时效性强、传播迅速。我国的报纸按发行周期分为日报、晚报、周报等，以日报为主。广告随着报纸每天与消费者见面，从而使信息传递迅速、便捷。消费者可依据每天得到的广告信息迅速做出判断和行为选择，因此时效性强的广告能够及时刊登。由于报纸编排灵活，截稿时间较晚，如果是加急广告，在开印前几个小时送达，也可保证及时刊发。另外，报纸广告的设计制作周期相对于电视等广告形式来说，也要快捷方便得多。

(2) 报纸广告的劣势

任何广告媒体都有其自身的优势与不足，报纸广告也不例外。特别是随着电视、广播、互联网等传播媒体的兴起，对报纸广告提出了严峻的挑战。报纸媒体的不足主要表现在以下三个方面：

图1.3

A．受读者文化水平限制。作为印刷媒体的一种，报纸主要借助文字传递各种信息，它要求信息的接受者具备一定的文化水平，但在我国广大农村和边远落后地区，因为识字不多或不识字而不看报的消费群体还很普遍，使广告无法对这一群体产生作用，这限制了报纸广告的传播范围。

B．有效时间短、阅读注意度低。由于报纸的时效性很高，每张报纸发挥作用的时间受到限制，很多读者在翻阅一遍之后便弃置一边，重复阅读

的可能性小。而且由于报纸的顺时接
替，昨天的报纸在今天即成历史，再
发挥广告作用的机会也不多。

报纸是以新闻报道为主，它将各
种信息同时提供给读者，版面多、信
息量大，广告内容的实际到达率不
高，如果不在广告设计、版面位置及
版面大小的选择上精心策划安排，广
告内容有时容易被忽略。

C.印刷不够精美。虽然现在报纸
的印刷质量有了很大的提高，但和杂
志、画报等印刷媒体的广告效果相
比，其精美程度还有一定的差距。

图 1.4

(3) 报纸广告的规格

报纸通常采用的纸张开本有两种，俗称大报、小报。大报的整版有效印
刷面积一般为 31cm × 48cm。小报的整版有效印刷面积一般为 23.5cm ×
35cm。报纸广告的规格大小，一般以其高度（厘米）与宽度（栏数）的乘积
来表示。

现在许多广告公司为了给客户解说方便，其广告面积的高度和宽度都以
厘米为单位对客户报价和计算。无论大报（对开报）还是小报（四开报），其
广告版面都分为整版、二分之一版（半版）、三分之一版、四分之一版，或一
个通栏、二分之一通栏、四分之一通栏等，同时注明具体的长宽尺寸。除此而
外，报纸广告中还有刊头广告、刊尾广告、中缝广告、补白广告、分类广告
等，不同的报纸，其具体尺寸都会有所不同。

许多报纸为使读者方便阅读，报社根据内容性质有顺序地固定编排，如
本地新闻、国内新闻、国际新闻、体育、文化、艺术、军事、娱乐、IT、汽
车、旅游、美容化妆等等，读者可根据喜好很快找到自己关心的内容，广告也
随着消费对象的不同有针对性地予以组织，使读者逐步形成固定的广告阅读习

惯。根据信息量各报纸可自定每天的发行版面。在特殊情况下可出专刊、特刊或号外版。

报纸广告总的计价标准一般是以平方厘米为单位。在相同面积的广告下，再以下几个因素来划分版面的不同价位，如头版、底版、新闻版、副刊、广告信息版、是否彩色、套红还是黑白等等。不同的版面位置和套印方式其广告价格都不相同。当然，各种报纸由于其发行覆盖面、发行量、权威性、社会知名度等差异，广告刊发的价格差别更大。

报纸是大众化的传播媒体，在广告设计中应尽量体现通俗化、大众化的原则，使绝大多数读者读得懂、看得清、理解快、易于接受。

报纸广告一般从接到文稿到见报要经过：熟悉文稿——创意构思——设计定位——确定形式——绘制或电脑制作——打样校对——审稿发稿——拼版出片——上机印刷。

1.4.2 杂志广告

杂志也叫期刊，与报纸一样，也是一种以印刷符号传递信息的连续出版物。杂志可以按内容分为综合性杂志和专业性杂志；按出版周期又可分为周刊、半月刊、月刊、季刊等；按发行范围可分为国际性杂志、全国性杂志和地区性杂志等。

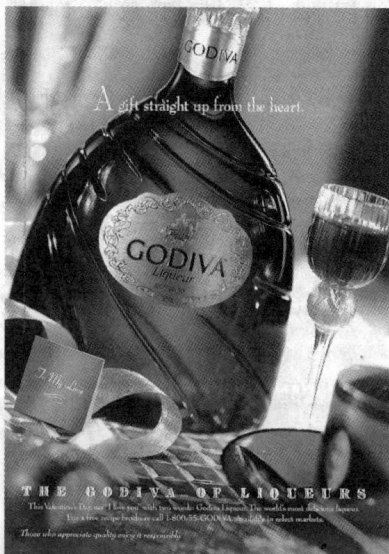

图 1.5

杂志是重要的印刷品种之一，它不象报纸那样以新闻报道为主，而是以各种专业知识和生活娱乐等内容来满足各类读者群体的文化需求。由于杂志的目标读者群的年龄、文化层次和经济实力不一样，杂志的市场定位、文化品位、印刷制作档次也各不相同。外国学者曾对杂志、电视、广播、报纸、户外 5 种广告媒体在各种情况下的不同效果作了比较。在目标传达方面，杂志优于报纸、户外媒体，与电视广播相同；在创造情绪方面，杂志优于广播、报纸、户外媒体，逊于电视；在支配感觉方面，杂志逊于电视，与广播、报纸、户外媒体相同。可见杂志广告的作用不可小看。

专家的广告效果调查表明，杂志广告与其他广告媒体相比，最佳的广告效果是在专业性杂志上做各类专用和行业性产品广告，这是由杂志本身所具有的特点所决定的。

图1.6

(1) 杂志广告的优势

A.拥有特定的阅读群体。按杂志的内容分类，大致可分为三种，即专业性杂志、综合性杂志和消遣性杂志。由于不同的杂志拥有不同的读者群，比如时装和化妆品杂志，读者以妇女和服装、美容化妆行业人员居多，专业性杂志以该专业的业内人士居多，儿童杂志则以学龄前儿童和小学生居多。它的订阅对象比较集中和稳定，便于确定读者的类型、年龄、收入、文化层次和所在地区等情况，因此广告主可以选择读者群与广告对象相近的杂志，使广告投放有的放矢，广告信息更为有效地传递到目标市场。

图1.7

另外，订阅杂志的读者一般都是文化水平较高，而且对杂志的性质有一定的了解，然后才订阅的，因而对广告的内容有一定的理解力，易于接受杂志的广告宣传。

B.发行面广、广告有效周期长。由于杂志的内容没有地方性新闻报道的局限性，因此适应面广。多数杂志是面向全国发行的，虽然读者群不及报纸庞大，但散布的地区广大，具有超时空的优点。并且其有效阅读期长，短则半月，长则可达半年或一年，人们阅读杂志的时间较充裕，没有时间的限制，同一广告往往会多次重复出现在读者面前。由于杂志常常在读者中轮流传阅，广告可以为更多的读者所看到，这样，可以进一步扩大和深化广告效果。

图1.8

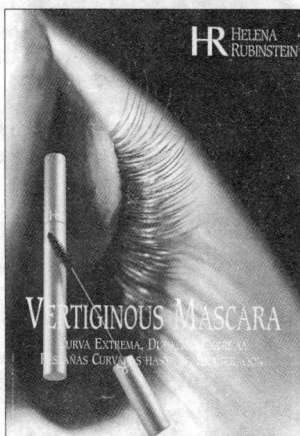

图1.9

杂志也和报纸一样，可以长期保存或装订成册，以便随时查阅，因此杂志广告的有效期比较持久。

C.印刷精美、图文并茂。杂志所用的纸张质量一般较好，采用的印刷技术和设备一般都比较先进，印刷效果比报纸要精美，尤其是图文并茂的杂志广告，其色彩逼真、质地细腻，可以充分再现广告内容的外形和色彩，因此杂志通常用来刊登高质量的广告信息，它既能吸引读者仔细阅读广告，又能充分地运用印刷技术和纸张质量上的优势表现展示广告产品的色彩、质感和气氛。读者既能获得广告信息，又能得到艺术的享受（见图1.5～1.9）。

同报纸相比，杂志虽然具有上述优势，然而杂志广告刊发量和广告营业额都远远比不上报纸。究其原因，杂志作为广告媒体，也有其自身的局限。

(2) 杂志广告的劣势

A.时效性不强、广告成本较高。杂志的出版周期较长，少则一周，多则数月。编辑时截稿早，多数杂志的截稿日期要提前一个月，即使是周刊，通常也要提前一至两周。因此，杂志的信息传递速度较慢，时效性不强，灵活性较差，这些都导致它很难争取到时效性很强的广告。报纸、电视广告通常在广告刊发的当天就会收到反馈信息，起到广告的实际效果，而杂志广告是不可能达到的，因此杂志广告更适合于作一些品牌和形象类的广告。

由于杂志的印刷成本比一般平面印刷媒体高，因此广告的刊登费用也相对较高。对于那些发行量小的杂志，由于其影响力有限，许多有经济实力的广告主因为其广告信息无法达到所预期的目标效果而放弃采用，而经济实力较小的广告主，又由于广告经费的限制对杂志广告望而却步。

B.读者范围小、影响力有限。杂志同样要求读者对象具有一定的文化水平，无法对低文化程度的人和文盲产生作用。综合性杂志由于缺乏专业化特色，使广告缺少针对性和权威性。专业性杂志又限制了读者对象，影响了广告的触及率。因此广告主在杂志上投放广告通常都非常谨慎，如果一旦选择了与广告目标市场不符的杂志媒体，就等于是做无效的广告，造成巨大的浪费。

(3) 杂志广告的规格

杂志广告是以杂志版面为媒体的印刷广告。我国杂志版本一般是采用正度 16 开或大度 16 开，黑白内页加彩页印刷制作。杂志广告包括面封、底封、封二、封三、目次页、正文和插页广告。版面大小有跨页、全页、半页、四分之一页以及其他特殊版面的广告。

以图片为主的高档杂志一般都采用 105 克以上的铜板纸四色胶印，如高档时装、汽车、美容、娱乐、旅游、时尚杂志等。无论是图片文稿的采集、版式设计、纸张的选用，还是印刷装订工艺，往往代表当前的采编、摄影、设计和印刷的最高水准。不同国家和地区出版发行的杂志，其编辑、排版、设计和印刷，均代表了该国家和地区的文化和经济发展综合水平以及该杂志的档次和品味。

由于杂志广告自身的特点，在设计上一般采用图文并茂，以图片为主的艺术表现形式。

杂志广告所选用的图片素材无论从艺术创意还是在拍摄技术上都要求很高，通常都是聘请专业广告摄影师拍摄。广告语要有创意，广告文案要求简洁明了。设计师要将这些视觉传达元素有机地结合在一起，形成一个完整的具有很强的视觉冲击力和艺术感染力的画面。优秀的杂志广告不仅让读者过目不忘，还可以像艺术品一样能让读者细细品味。

1.4.3 样本广告

(1) 样本广告设计的主要对象

样本广告设计是现代商业信息社会中应用最广泛的广告宣传形式之一，是当代经济领域里组织的市场营销活动以及社会集团公关交往中的主要广告媒

图1.10

图1.11

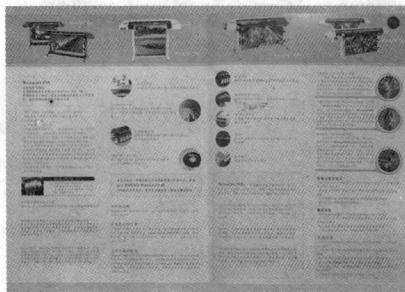

图1.12

图1.13

体。因此,样本设计也就成为专业广告公司的重要设计策划和印刷业务项目,也是高校平面设计教学中的主要专业设计课程。

样本广告实际上是对广告主(政府机构、社会团体、事业单位等)自身的全面介绍,因此人们常常将它称之为企业自身形象的"名片"(见图1.10~1.18)。样本广告的种类较多,大体上我们可以将它分为以下3个大类:

A.企业形象和产品宣传样本。这类样本广告以宣传和介绍企业及产品为主。主要有机械、电讯、交通、旅游、金融、保险、房产、建筑、电器、食品、化工等行业。企业形象及其产品和服务宣传样本是样本广告中应用最为普及的,也是设计师在工作中接触最多的一种。

B.政府和有关部门形象、服务宣传样本。随着政府各职能部门角色的转换,许多地方政府和有关机构也开始通过样本广告这一形式,对所辖区域的自然条件、经济环境、基础建设、发展成就、发展规划等方面进行整体宣传,或分主管行业进行行业宣传等。特别是最近几年来各地政府部门不断加强对外招商引资的工作中,政府和有关部门形象、服务和招商引资宣传样本,正越来越发挥着重要的作用。

C.社会团体和事业单位宣传样本。

这类广告宣传样本也是随着我国市场经济改革发展而普遍应用起来的。如学校、医院、各类学会、协会等，也越来越多地利用样本广告这一有效的传播手段，进行形象和服务等方面的宣传，扩大其社会知名度。

图1.14

(2) 样本广告设计的主要形式与内容

A.样本广告的主要形式。样本广告从形式上来分可分为单页、折页、插页和装订成册（书）等几种形式，客户往往根据内容需要和经费情况来选择，设计师也可根据设计内容和经费预算，结合设计创意，为客户提出几种设计方案，供客户自己选择。

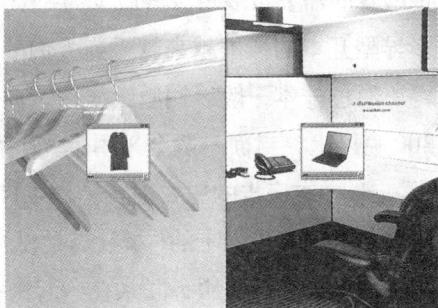

图1.15

a.单页样本。是样本广告中最简单的一种形式，一般采用双面四色印刷，16开尺寸较为普遍，纸张以铜版纸居多，厚度一般在128克以上。单页样本通常被一些规模较小的企业和团体以及某一单项产品或项目宣传所选用，某些新成立的企业、新试制出

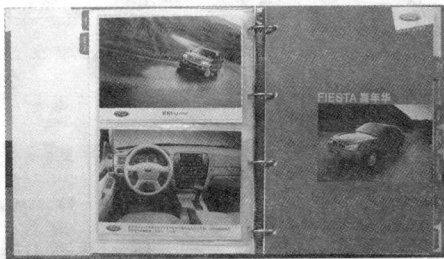

图1.16

的产品，也常选择这种形式临时性的使用，有些大的企业或团体有时在开展某项具体的大型庆典、展销活动时，也将它作为一种补充形式。

b.折页样本。折页分为对折、三折和多折几种，但为了读者阅读方便，一般折页不宜太多，常见的折页样本以对折和三折最多。纸张以铜版纸居多，厚度一般在128克以上。折页式样本可以容纳更多的信息，印刷和印后加工成本也不高，常被一些中小型企业所采用。

c.插页样本。插页样本一般首先设计一个带勒口的封套，再将数量不等

但规格尺寸统一的单页广告宣传单插进来组合成册。这种样本形式适合于那些具有众多系列产品、并且产品更新和替换较快的企业，其内容可以根据需要随时更新和灵活组合，而封套可以保持不变，以节省不必要的费用。封套由于要带勒口并承装不同数量的插页，所以一般选用250克以上的铜版纸或卡纸，并采用单面上光或覆膜工艺。

d.装订样本。是样本广告中采用最多的一种形式，装订一般以骑马订居多，页码多的采用胶装，还有使用精装本的。装订样本的页码根据客户广告宣传内容的需要可多可少（最少为8个页面），开本以16开最为普遍，但也有许多异型开本的样本越来越受到人们的欢迎，但开本不宜过大，以便携带和邮寄。彩色样本一般以铜版纸居多，内页用纸厚度一般在128克以上，封面在200克以上，封面一般会采用上光或覆膜等印后加工工艺。

B.样本广告的主要内容。样本广告的内容主要为三大类：一是以企业和团体的形象宣传为主的样本；二是以介绍企业的产品或服务为主的样本；三是将企业形象和产品服务联系在一起进行宣传的综合性样本。另外还有如产品说明书之类的印刷品，它们一般是随销售产品配发，严格来讲不属于样本广告范畴。

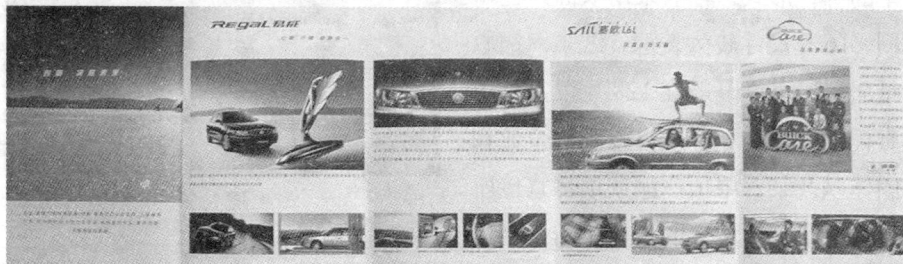

图 1.17

图 1.18

a.形象宣传样本。以介绍和宣传企业及团体的整体形象为主，如企业的理念、性质、生产和服务范围、机构设置、生产规模、综合实力、销售网络、售后服务以及发展方向等等。形象宣传样本是企业的脸面和"名片"，是现代企业高层最重视的一项工作。

b.产品宣传样本。以宣传和介绍产品和服务为主，如介绍机械产品的样本，必须将该产品的系列型号、名称、规格、技术性能和参数、主要性能指标、工作原理、主要部件和零配件的选用、外形尺寸和重量等，作详细的介绍。在设计手段上会利用文字解说、实物照片、机械图纸、示意图例以及参数图表等各种方式，尽可能地将该产品清晰明了地展现给潜在的消费者。设计这类样本，平面设计师需要与该产品的设计制作专业人员进行密切合作，共同完成。有些大型的企业由于各种型号和系列的产品很多，因此在设计时要保持各产品样本在整体风格上的一致。

c.综合样本。综合性样本是将企业和团体的形象宣传内容与产品和服务内容融合在一起进行设计、印刷和装订的样本，一般多为中小型企业和团体采用。设计师在设计这类样本广告时要将上面两种样本形式的设计方法紧密结合在一起。

(3) 样本广告设计的功能特征

A.介绍充分、仔细详尽。由于样本广告是由广告主自己印刷和散发，除设计和印刷成本外，不像在报纸和杂志上做广告，要给媒体付出昂贵的广告版面费。因此广告主可以根据需要对其广告信息进行充分详细地介绍。在报纸和杂志上做企业形象和产品宣传广告，通常每次只有一个版面，而样本广告少则两个版面（单页样本的正反两面），多则可以数十甚至上百个版面。一切与广告主相关的信息，都可以利用文字、图片、图表、图例等平面视觉传达语言进行充分的展示和表达，以达到准确介绍产品、促进宣传和销售的目的。这是其他任何需通过媒体发布的广告所无法实现的。

B.印刷精美、图文并茂。样本广告在印刷和设计上与杂志广告一样，可以充分利用现代先进的印刷材料和印刷技术，将产品信息用图文并茂的形式完美地表现出来，有效地传递广告信息，打动消费者，使其对产品和服务留下深刻的印象。许多设计和印刷优秀的样本广告，在人们接受广告信息的同时，还强烈地感受到美的艺术享受。

C.受众明确、传播面广。样本广告一般采取邮寄、业务人员在商务活动中赠送或在展览展销会上散发等方式进行传播。其传播对象和范围由广告主自主选择，一般都是潜在的客户和消费群体，受众明确，广告有效率高。

样本广告的策划和设计是平面广告设计中涉及面广、内容多、难度较大的一种形式。设计师除了要具备平面设计的专业技能之外，在设计过程中还要善于与客户单位的领导、部门主管和专业技术人员进行交流和沟通，熟悉企业情况，了解所设计的产品性能和原理，并与文案写作、摄影人员、印刷厂家密切合作，共同努力，才能设计制作出既有专业水准，又符合客户要求的作品。

1.4.4 招贴广告

"招贴"按其字面意义解释，"招"是招引注意，"贴"是张贴，即"为招引注意而进行张贴"。招贴的英文为Poster，在牛津英语词典里意指展示于公共场所的告示 (Placard displayed in a public place)。

招贴广告是广告设计和应用中历史最悠久的一种传统广告形式。招贴广告由文字和画面组成，设计上虽然只是单页单面，但几乎集结了平面广告设计中所具有的绝大多数基本要素，设计表现技法也比其他平面媒介更广、更全面、更适合作为平面设计基础学习的内容，因此在高校平面设计教学中通常将它做为专业入门的第一课程（见图1.19～1.25）。

图1.19

(1) 招贴广告的分类

A.按制作形式上划分

a.印刷招贴广告。印刷招贴广告是指最后的成品是通过印刷工艺来完成的。一般印刷招贴广告批量都比较大，因此适合于大规模和大区域的广告宣传。

b.电脑喷绘招贴广告。是近年来随着计算机的普及与广泛应用而兴起的一种招贴广告形式，深受广大设计师和客户的欢迎与喜爱。由于现在一般平面设计师的设计都是运用电脑来完成，因此通过电脑喷绘来输出制作招贴广告极为方便快捷，并且其色彩效果和图片文字的清晰度都极高。电脑招贴广告根据需要数量可多可少（但如果数量太大还是以印刷制作方式更为经济实惠），随着电脑喷绘材料地不断改进，可选择背面涂有不干胶的电脑喷绘纸张，以方便张贴。如果是张贴在室外，可对喷绘画面进行覆膜处理，避免日照和雨淋后退色掉色。

c.手绘招贴广告。是最传统的招贴广告制作形式。直接由设计师运用各种绘画、书法和美术字技法来手工绘制。手绘形式具有亲切感，也不需要印刷和电脑设备，但手绘招贴的绘制时间长、成本高，不适合大批量的制作。

B.按招贴内容划分

a.商业性招贴广告。是招贴广告中最主要的一种，过去主要指商业性的产品宣传和服务广告，今天人们对商业性招贴广告的含义也有了新的理解。人们将文化娱乐、新闻出版、旅游、医疗服务等方面的招贴广告都视为商业性的招贴广告。

b.公益性招贴广告。不含商业目的的招贴广告，如保护环境、爱护公共设施、关注和资助社会弱势群体、义务献血、禁烟、禁毒、防止艾滋病等等。

c.政治性招贴广告。宣传某一政治目的、国家

图1.20

图1.21

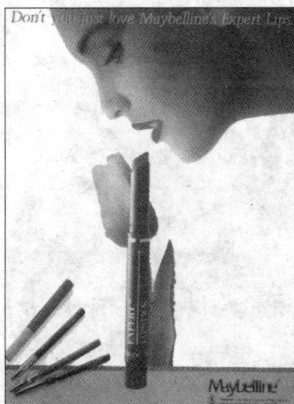

图1.22

图1.23

图1.24

图1.25

政策法律的招贴广告。如宣传祖国统一、计划生育、人口普查以及公民义务纳税等。

(2) 招贴广告设计的功能特征

招贴广告张贴在销售现场或橱窗里的属于"POP"广告，张贴在室外布告栏里的属于"户外广告"的范畴，所以招贴广告在定义上有一定的游离性。我们在日常的招贴设计实践和平面设计教学中，一般以画面尺寸和发布方式来通俗的界定招贴广告的特征。即画面尺寸在16开至全开幅面、单面设计和制作、张贴在公共场所、以文字和图像构成的视觉信息传播手段。

印刷类招贴广告与电脑喷绘和手绘招贴广告相比，一般都具有数量大、发布面广、有效使用期长等特点。作为一种平面信息传播手段，它具有其他媒体所无法比拟的优势。

A.散布面广、影响力大。招贴广告可以在室内和户外张贴，可选择性大。也可根据需要散发到信息所需传达到的任何地域。有些优秀的招贴广告，还被爱好者收藏或张贴在自己的居室，当作艺术品欣赏。

B.广告信息传播有效时间长。一般不带季节性和时效性的招贴广告，可以长期保留。有些印刷类招贴广告，还在广告内容的下方印上年历，以延长它的有效时限。许多广告主每年都会印制大量的产品招贴广告散发到他们的经销点和零售点 。

C.携带张贴方便。印刷类招贴广告的最大尺寸一般不会超过全开纸张，因此携带和张贴都很方便，特别是企业的营销人员在参加各种展销会、商务洽谈会期间，招贴广告是他们最乐意携带的广告宣传品。

但是招贴广告也有它自身许多明显的局限性，首先它张贴发布的环境多为人口流动量大的地方，并且多为远距离观看，不可能对信息进行详细的介绍和说明；其次是随着城市管理的规范化，对户外招贴广告的张贴地点和位置也有很严格的限制，制约了它的传播范围。因此招贴广告在整个视觉传播媒介中，所发挥的作用是有限的。招贴广告无论张贴在户外还是销售现场或橱窗里，都是一种需要引人注目的传播媒体，要能使受众在瞬间的接触中，就可以看到并能记住其传达的内容，这是对招贴广告设计的最基本要求。因此对于构成招贴广告设计的所有因素，都应本着这一基本要求进行设计安排，以使招贴广告获得最佳的视觉传达效果，给人以强烈的视觉印象。

另外，招贴广告的尺寸一般都在四开以上，以对开尺寸最多。如果设计师准备使用摄影图片作为印刷类招贴广告的主体画面，其摄影图片的质量一定要有充分保证，最好聘请专业摄影师使用120反转胶片做专题拍摄，以保证图片在多倍放大后其色彩和影调效果不受影响。

1.4.5 DM 直邮广告

用邮寄方式，针对某一对象直接广告邮寄的方法，称为直接邮寄广告（Direct Mail Advertising），简称DM，也称之为"广告信函"。广泛地说，凡以传达商业信息为目的，通过邮寄方式传递的广告品都可以统称之为DM直邮广告。

直邮广告最早出现在欧美国家，美国于1775年制定邮政法，开始实施DM广告。现在美国利用广告媒体的比例是，报纸占所有媒体的30%；电视次之，占19%；再次之为DM，占15%；其后为广播、杂志等媒体。由此可见DM广告是现代广告的重要媒介之一。在众多的广告媒体中，DM的效果评价一直很高，人们有时将它作为广告的副手和推销员的助手。在美国的广告界，一致认为推销性的信函和明信片是最具销售力的广告之一。

(1) DM直邮广告的种类

在欧美等经济发达国家，由于DM直邮广告的形式起步很早，所以无论从它的策划、设计、制作和实施上来说，都已经很规范很成熟。DM直邮广告的种类和形式很多，主要有如下几种：

A.推销性信函。推销性信函是最有推销力的广告之一，也是在 DM 直邮广告中使用最多的一种。这种极具推销力的信函，大多将销售内容印刷在印有广告主名衔的信纸上，装进信封或其他 DM 里寄出，大多会直接送达收信人手中。内容包括新产品介绍、感谢顾客、节日问候以及同业庆贺等，用以推荐商品或联络感情。

推销性信函的设计制作形式也丰富多样，页面和印刷色彩根据需要可多可少，可以详细地传达广告信息。

B.信函附属品和产品样品。广告主有时会在推销性信函上附加一些附属品，一般是用金属、塑料、纸、布等材料制成的小工艺品，贴在印刷品上或主体上，同印刷品一同封好寄出，这是用来使收信人注意广告信息而特制的。这些小工艺品一般规格都很小，形式多样，如纽扣、钥匙串等。在我国，现在也有一些广告主开始将自己的产品特意制作成小型的礼品包装随信函赠送，以达到宣传产品和提高收信人的兴趣的目的，这种作法的广告效果很好。

DM 直邮广告在我国开始的时间还不长，在广告媒介中所占的份额也有限，但推销性信函是我国广大消费者比较熟悉的形式之一。

C.其他广告信函。除我们最熟悉的推销性信函外，在 DM 直邮广告比较发达的国家，还有很多其他各种各样的 DM 直邮广告形式，如明信片、说明书、册子、回购单、型录、企业报刊及业务报告等等，还有如一些客户调查表、问候卡片和产品赠送附件等也是一些常用的 DM 直邮广告形式。

DM 直邮广告属于年轻的媒体，在我国还未得到充分地利用，但从其发展的趋势来看，将越来越受到广告主的重视。

(2) DM直邮广告的特点

A.可控制性强。邮寄广告是通过邮局将广告信息直接传递到读者手中，广告主可以有针对性地选择对象，以便有的放矢、准确可靠。通过邮寄做广告，广告主可以排除中间商和其他因素的影响，对广告活动进行自我控制。在我国，现在大部分直邮广告业务都是由邮局的相关机构或广告公司与邮局合作实施完成，因此完全可以保证邮寄广告信息的有效达到。

B.传递快、信息反馈迅速。直接函件不会受到地区、时间等因素的影响，也不受篇幅、版面等方面的限制，能够把信息很快地传递给选定的对象，只要对象满意，会很快作出答复。选用这种媒体，广告主能够较快地了解到广告效果如何，而不像其他大众媒体那样，需要对广告效果进行费时费力的调查测定，同时由于广告信息是直接、明确传递的，能够促使消费者指名购买。

C.形式灵活、制作简便。直接函件广告媒体在形式上是比较灵活的，可以根据需要任意选择某一种方式，且不受篇幅限制的对广告内容做详细地介绍，使接受者得到完整的商品信息。制作上可根据广告内容的需要和经费预算情况灵活掌握，可以充分采用广告设计的各种表现手法和发挥设计师丰富的创作想象力。

1.4.6 POP广告

POP是英文Point of Purchase Advertising的组合缩写，亦称PS广告(Point of Sale Advertising),其中Point为市场术语"点"，Purchase为"购买"的意思，中文将POP广告译为"购买广告"或"店面广告"。它是零售商店、百货公司、超级市场等销售场所所做一切广告的统称。

(1) POP广告的特点

POP广告最早起源于美国的超级市场，并随着跨国零售网络的扩张而在全球逐步普及开来。POP是一种最直接、最灵活的广告宣传形式，它是产品销售活动中的最后一个环节，能在商品销售的现场营造出良好的商业气氛，直接刺激消费者的视觉、触觉、听觉和味觉，引起消费冲动，产生购买欲望和行为，同时也可使消费者在购物中对商品的品牌、性能、价格等信息作进一步的了解和比较，因此深受广告主的重视和消费者的喜爱。

POP广告作为广告媒介很难将它归纳在某一范畴内。它的表现形式是多样化的，小到可以拿在手上，大到能铺满整个墙面；既有平面的，也有立体的；既可放置在台面上，也可以悬挂于空中；既可以是静态的，也可以是活动的。同样在材料上也无法加以限制，有纸张、木材、塑料、纺织品和各种金属制品等。总之，POP广告在商业活动中，是一种极为活跃、直观的促销广告形式，它是以多种手段将各种传播媒介的集成效果浓缩在销售场所中。

(2) POP广告的种类

POP广告的种类和形式繁多。可从广义和狭义两个方面来划分：广义的POP广告是指凡在购物场地，零售商店周围、入口、内部以及在商店陈设的地方所设置的广告，如招牌、立旗、横幅、橱窗内所陈列的广告宣传品、宣传册、广告传单以及现场促销表演、广播电视播发等。狭义的POP广告是指在购物场地设立的专销柜台，在商品周围摆放、陈设和悬挂的促销广告物，如商品价目表、展示卡、吊旗、招贴等（见图1.26~2.32）。

另外还有从POP的使用时间、制作材料、广告展示和陈列方式等几个方面对它进行分类的。这里我们以常见的POP制作和陈列形式，将它们分为如下几种。

A. 壁面式POP。壁面式POP主要装置在店面及建筑物周围，如各种招牌、旗帜、布幕、灯箱、霓虹灯等。商场内部的墙壁、柱子、门窗的玻璃等也是壁面式POP广告可以展示的地方。

B. 橱窗POP。橱窗POP是最常见也是最重要的POP广告形式。它的最大特点是反映商品的真实性，由于一般商场的橱窗面积都比较大，设计师可以充分利用其有效的展示空间，尽可能地陈列真实的商品与消费者直接见面，再加以道具、色彩、灯光、文字、图片等手段，营造一种特有的环境和气氛，以此来充分体现商品的品

图1.26

图1.27

图1.28

牌特征，捕捉和刺激消费心理。

C.吊挂式POP。吊挂式POP可以是店外，也可以是店内POP广告。它充分利用了商业环境里上部和顶面空间，一般主要装置在店堂和店内通道的一些有效空间部位，在视觉空间上占有绝对优势，不会被商品货架及行人遮挡，消费者可以从各个角度看到。因此它在各类POP广告形式中，是使用最多、效率最高的一种形式。

吊挂式POP主要有吊旗和吊挂物两种：吊旗式POP的展示方式是以平面的个体在空中做有规律的重复排列，其排列数量和规模视商场面积而定，可以灵活多样，既可在室内，也可以在商场之外。吊挂物POP大多是由四面体或多面体组成，它以立体的造型来加强产品形象和广告信息的传递。组合排列方式也可多样化，有强调秩序感的各种渐变效果的，也有强调各种对比效果的。

D.柜台展示POP。柜台是消费者选择、购买商品时接触较多的场合，这种广告形式最能吸引顾客的注意力，便于顾客直接地确认商品及品质，了解使用方法，它在POP广告中是最普及的广告形式。

柜台展示POP广告分为两种，一种是放在柜台上的小型产品广告牌（卡），它最基本的造型手段及表现方法是在平面纸张背面（一般是300克以上的卡纸或通

图1.29

图1.31

图1.32

过对裱加厚了的纸）或其他板材背面，通过折叠、叉接或粘贴方法，使其成为可以独立放置的各种不同的立体造型,或通过一些结构设计使其与商品组合在一起，形成展示效果。另一种是放在柜台上的展示架，上面陈列展示一些体积较小的商品，它的作用与货架不同，主要目的是以商品实物作为广告样品来进行促销宣传，或配合印刷品广告进行宣传,这样的广告形式比纯印刷品上的产品图片广告更为直接、真实、可信。

E.立地式POP。立地式POP是放置在店内或店面外的地面上的广告形式，如商场外的广场、空地，商场的入口、通道等。

由于立地式POP放置在地上，为了不让它被淹没在人流和货架中，因此一般体积都比较大，其高度要略高于成人身高。能适应商品的陈列堆放与消费者观看和取物方便。立地式POP一般都为立体造型，设计上既要考虑使用功能、结构合理、便于拆装制作，还要力求让顾客从每个角度都能看到广告信息。

除此之外，现在比较流行的POP广告形式还有大型的户外充气气球、人体活动广告、利用声光电等现代科技手段制作的各种促销形式，都应该属于POP的范畴。

在各类POP广告形式中，平面印刷POP所占的比例仍然是最大的，作为一种广告媒介形式，平面印刷POP有它自身的特点与定位。设计师在设计中既要运用平面设计视觉传达语言的普遍规律，又要充分挖掘平面POP广告的独特艺术语言，才能设计出优秀的POP广告作品。

1.4.7 包装设计

包装印刷是以保护、美化、介绍宣传、方便使用所包装的产品为主要目的而采用的印刷方式和印后加工处理技术。包装印刷是应用常规印刷的技术成果，在常规印刷技术的基础上发展起来，并逐步形成的一个新的印刷工业体系。

包装印刷是包装与印刷两学科之间的边缘学科，既是印刷领域中的独立分类，又是包装领域中的一个重要组成部分。包装印刷在制版方面和印刷方面与一般印刷，即书籍、报刊画册印刷虽然有相同的技术基础，但它远比一般印刷的范围广泛，而且印刷技术相对要复杂得多。

包装印刷在印刷业中占据举足轻重的地位。它在全部印刷产值中的占有率由最初的 20%左右，增长为现在的 70%左右，处于整个印刷业的前列。在 2000 年国民经济 38 个主要行业中，包装印刷已跃居第 14 位，包装印刷工业 20 年来始终保持 24%的高速增长。

包装印刷的承印材料主要以纸张、纸板、瓦楞纸、铝箔纸、玻璃纸、塑料、塑料薄膜、玻璃、陶瓷、金属板、竹、木、皮革、复合材料及织物等为主（见图 1.33~1.46）。

（1）包装的分类与特点

包装是一集合总体，其分类方式很多，最常见的分类有如下二种：

A.按包装材料分类。分为纸包装、塑料包装、金属包装、玻璃包装、陶瓷包装、木包装、纤维制品包装、复合材料包装和其他天然材料包装等。随着科技的发展，新的包装材料不断出现，给包装设计在材料的应用上提供了较大的选择空间。

B.按包装物内容分类。分为食品包装、医药包装、化妆品包装、纺织品包装、玩具包装、文化用品包装、电器包装和五金包装等。不同的包装内容，

图 1.33

图 1.34

图1.35

图1.36

图1.37

图1.38

对包装材料、包装结构和包装工艺都有不同的要求和行业标准。设计师在设计之前对它们要有全面的了解。

除以上两种常用的包装分类方法外，还有许多其他的包装分类方式，如按商品不同价值进行分类的有高档包装、中档包装和低档包装。按包装容器的硬度不同分类的有软包装、硬包装和半硬包装。按包装容器结构特点分类的有便携式、易开式、开窗式、透明式、悬挂式、堆叠式、喷雾式、挤压式、组合式和礼品式包装。按在包装中所处的空间地位分类的有内包装、中包装和外包装。按内装物的物理形态分类的有液体包装、固体（粉状、粒状和块状物）包装、气体包装和混合物体包装。按包装技术的防护目的分类的有防潮包装、防水包装、防霉包装、保鲜包装、防虫包装、防震包装、防锈包装、放火包装、防爆包装、防盗包装、儿童安全包装等。按包装技术的不同分类的有透气包装、真空包装、充气包装、灭菌包装、冷冻包装、缓冲包装、压缩包装等。

（2）包装的功能特征

现代包装具有多种功能，其中最主要的有以下三种功能：

A.对商品的保护功能。商品包装最基本最首要的功能就是对所包装的商品的保护功能。保护商品的内容、形态及性能的完好，防止被包装物在流通过程中受到质量和数量上的损失，在包装设计中始终都是放在第一位的。良好的包装能保护商品主要成分的稳定性，防止杂质成分的增加，并在商品的流通过程中具有防震、防盗功能，便于存储与运输,同时还能防止具有危害性的内装物对人、生物和环境造成危害等功能。

B.对使用者的便利功能。包装设计应该以人为本，按照人体工程学和仿生学原理，结合实践经验设计合理的包装，尽可能为使用者提供携带、存储、开启和使用上的方便。优秀的包装设计应该尽可能地运用现代科技带来的包装新材料、新工艺、新手段和新观念，设计出实用、方便、美观、经济的包装。如现在流行的快餐包装、易开包装、自热包装、自冷包装等，都高度体现了现代包装给人们带来的便利性。

图1.39

另外，在包装材料的选择上还应该考虑使用后的包装便于回收利用和便于自然分解，有利于环境保护。

图1.40

C.商品自身的展示功能。随着商品零售业逐步向自选和超级商场的发展，包装设计在销售过程中越来越显现出与顾客之间面对面的、最直接的信息传达功能，担负起"无声推销员"的促销作用。优秀的包装设计以其强有力的视觉冲击力和独特的个性风格，使产品自身在琳琅满目的商品海洋中脱颖而出，吸引住消费者的目光，使消费者在购买行为中向有利于自身销售的方向转变。

图1.41

产品包装还通过其使用的包装材料、包装结构和制作工艺的不同，反映出商品自身的档次和价值。特别是礼品类包装，它能直接体现和提升所包装内容的价值，这也正是产品包装在商品流通中所产生的"附加值"。

图1.42

图 1.43

图 1.44

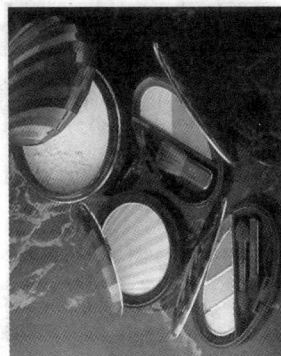

图 1.45

图 1.46

（3）包装设计要点

　　由于包装的种类和材料繁多，它所使用的印刷材料和工艺也各不相同。因此包装设计要求设计师对各种包装材料和印刷工艺有全面的了解，具有丰富的实践经验。但不管包装设计怎样复杂，它在设计原理和方式上，与其他设计是基本相通的。设计师在开始设计前要对所包装的产品的性质、特点、成分、形状、使用方法等进行全面的了解。同时也对同类或相关产品进行市场调查，通过对同类或相关产品的了解，一方面吸收其优点，或受到启发，找出其不足，在自己的设计中予以避免；二是通过比较确定自己的设计定位，使自己的设计有鲜明的个性和独特的风格，以吸引消费者的注意，获得消费者喜爱，并产生购买欲望与行为。

　　在对所设计的产品有了全面深入的了解之后，设计师便可开始正式的包装设计。

　　A.确定包装材料。确定采用什么样的包装材料，是包装设计的第一步。确定包装材料首先取决于所包装产品的物理性质、保护要求、用途、使用方式和自身的价值等综合因素。在充分考虑和了解产品特性和对包装材料和工艺的要求之后，再选择相应的包装材料。现代包装材料丰富多样，可选择范围极为广泛，以纸包装为例，就有铜版纸、胶版纸、卡纸、瓦楞纸、牛皮纸、鸡皮纸、羊皮纸（硫酸纸）、钙塑合成纸、箱纸版、纸袋纸、玻璃纸、有光纸、不干胶纸等。每种纸张又有不同的规格和厚度。另外，许多产品包装所使用的包装材料不是单一的，它是几种包装材料的综合应用，这样才能达到其保护产品的目的，如经常与纸质包装材料相配套使用的材料就有泡沫、海棉、塑料、纺织物等。因此设计师必须对每一种包装材料的性能特点有全面的了解，才能将它们恰当地使用到所包装的产品上，起到保护和美化产品的功能和目的。

B.确定结构与造型。包装设计与普通平面印刷设计所不同的地方是它不仅具有三维立体空间的造型，同时还要求具备开启和使用的便利性。不同的产品和包装材料，都有其自身独特的结构组成形式和开启方式。如纸盒包装，常用的结构形式就有套盖式、摇盖盒、抽屉式、开窗式、陈列式、组合式、封闭式、提携式等。任何包装的结构和造型，都是根据产品的要求和包装材料的特性决定的。

C.确定加工工艺。在确定包装材料和造型结构的同时，还要考虑到包装物的加工工艺。包装印刷因为承印物品种繁杂，所以印前印后对承印物的处理很繁琐。如纸张印刷时，印前与一般印刷处理相同，印后要进行上光、覆膜、模切成型、粘贴、对裱、打扣等加工。塑料印刷时，印前要进行电晕处理，印刷时要进行烘干处理，印后还要进行覆膜、热封加工等。不同的加工工艺，对整体包装的效果和具体的设计制作方法，都会产生直接的影响。

在确定包装材料、结构造型和加工工艺时，还要考虑到一个关键的因素，那就是经费预算。过去我们强调的"实用、经济、美观"的设计原则，在今天的包装设计中仍然是应该遵循的基本准则。包装的印刷制作批量一般都非常大，如果在设计中不考虑包装材料和制作加工成本，将会直接增加企业的生产成本，降低产品的市场竞争力。因此既使是再好的包装设计，如果不考虑生产成本因素，也只能是孤芳自赏，不会被客户所采用，这也是违背包装设计的基本原则的。

D.进行外观设计。产品包装的外观设计必须与其包装材料、外观造型和印制工艺相适应。除此以外，它与一般的平面设计相比，还应该注意以下问题：

a.多维视觉特点。产品的包装造型以四方形和圆形居多，四方形的造型有六个面，圆形的造型有一个弧面和两个平面，还有一些异型包装就更为复杂。设计师在设计中要根据包装的造型比例、体积大小、陈设角度、开启方式等因此来确定其主要装饰面，并与其它装饰面有机地结合，形成一个完整的整体。在包装设计中不能只看平面的画面效果或展开的画面效果，每一个设计方案都一定要做立体模型，并从多角度来审视、修改和完善。给客户审查的设计方案也要送交立体模型样品，这是包装印刷设计和普通平面设计的重要区别。

b.成套系列特点。大部分包装都分为外包装（运输包装）、中包装（运输和批发零售兼用）和小包装（零售包装）。一般它们所使用的包装材料和印刷加工工艺都会各不相同，设计师在设计中要根据实际需要，既要有所区别，又要形成一个完整的视觉识别形象。还有些高档产品包装（如礼品包装等），在小包装里又分有层层套装，或利用开窗的形式使里外包装相互呼应，共同形成一个整体的复合包装，给消费者以不断的新奇和惊喜感。

总之，包装设计一方面制作和加工工艺复杂，给设计师的设计增加了难度，但同时包装设计的形式千变万化，给设计师的创作提供了广阔的空间，优秀的设计师可以在这一领域充分地发挥自己的设计才能，设计出具有独特艺术个性和充满时代气息的作品。

第2章 印刷的基本原理与分类

印刷是指使用印版或其他方式将原稿上的图文信息经过印刷油墨和压力，将其转移到承印物上的工艺技术。印刷技术实际上是由制版技术、印刷技术和印后加工技术所构成。

传统的印刷是以原稿、印版、印刷油墨、承印物、印刷设备五大要素为基础的印刷技术。但随着科学技术的发展，计算机直接制版、数字式无版印刷以及数字网络化印刷流程等新技术、新工艺的产生和发展，将逐步替代传统印刷工艺，成为未来印刷工艺和技术发展主流的趋势。

2.1 印刷的五大要素

2.1.1 原稿

今天我们对原稿（Original）的理解应该分为两个方面：在计算机印前系统普及应用之前，印刷原稿主要指印刷所需的文字原稿、图片原稿、绘画原稿、图表原稿、设计原稿等。它是由客户或设计师提供给制版公司或印刷厂进行制版、印刷的依据。在今天，计算机在输出和印刷行业已经完全普及的时代，设计师交给输出中心或印刷厂的原稿和传统印刷中所指的原稿已经完全不同了，通常是一个拷贝有全部数字化图像、图形和文字的文件磁盘。但无论是传统的模拟式印刷原稿还是现在的数字式印刷原稿，按印刷的工艺来分，一般分为文字原稿和图像原稿两大类。

2.1.2 印版

印版（Printing Plate）即供印刷使用的原版（或称为"模版"），它是由原稿到印刷品的印刷过程中重要的媒介物，用于传递印刷油墨至承印物上。印版因所使用的印刷工艺和方式不同而分为凸版、平版、凹版和孔版四大类。这四类印版不仅印刷部分和空白部分相对位置高低和结构不同，而且制版的版材、制版方法、印刷方法也各不一样。

印版的作用是经过出片、晒版或其他制版工艺，将原稿区分为图文部分（Image Area）和非图文部分（Non-Image Area），使非图文部分形成空白不接受印刷油墨，而图文部分则接受油墨。在印刷时，使附着有油墨的图文转印到承印物的表面，从而到达印刷目的。

现在最为普及的平版胶印的印版，是通过输出的印刷胶片经晒版后转移到特制的金属PS版上的，所以今天许多人习惯将胶印印版称之为PS版。

2.1.3 油墨

油墨（Printing Ink）是在印刷过程中被转移到承印物上的成像物质，是获得印刷图文的主要材料之一，是体现原稿图形和色彩的重要因素。油墨通过墨辊将其滚涂在印版的着墨部分，在印刷机械的压力作用下被转印到承印物的表面，从而留下图文的印刷痕迹。

印刷油墨是一种由色料微粒均匀地分散在连接料中，并加入填充料与其他辅助剂，具有一定的流动性和粘性的物质。印刷油墨的种类很多，主要是根据印版种类、印刷形式和承印材料的不同而划分的。如平版印刷中的油墨按色彩分主要为黄、品红、青、黑、白五大类，而黄、品红、青中又有多种色相，可根据印刷物的种类和使用目的来挑选，如招贴、年历等印刷品的油墨应耐光，书刊封面的油墨应耐磨，上光的印刷品油墨应选用耐热耐溶剂侵蚀的。

2.1.4 承印物

承印物（Printing Stock）指印刷过程中承载吸附图文墨色的各种材料，传统的印刷是转印在纸张上。随着印刷技术的发展和现代科技的进步，印刷承印材料越来越多，种类不断扩大。习惯上人们把以纸张作为承印材料的印刷称为普通印刷；而把纸张以外如金属、塑料、薄膜、木材、玻璃、陶瓷、皮革等作为承印材料的印刷称为特种印刷。

2.1.5 印刷设备

印刷设备（Print Press）主要是指用于印刷的制版、印刷和印后加工设备。印刷设备因印刷方式不同，其种类、型号、品牌和档次也不同，如印刷机按印版类型的不同分为凸版印刷机、平版印刷机、凹版印刷机、孔版印刷机和特种印刷机等。每种印刷机又按印刷幅面、机械结构、印刷色数等形成不同型号，供不同用途的印刷使用。

印刷设备的性能和质量的好坏是完成印版、油墨、承印材料制作的重要因素，也是保证印刷品生产质量和速度的关键。

2.2 印刷的色彩与网点

2.2.1 印刷色彩

(1) 印刷色彩的还原原理

印刷工艺的色彩复制还原原理是利用颜色的分解与合成，使彩色原图在印刷品上得到准确真实的色彩再现。

色彩分解是指利用电子分色系统和设备，将自然组合的色彩分别制成彩色三原色版。颜色合成是指将分解后分色阴片拷制成阳片，晒制成印版，并用相应的三原色和黑色油墨在印刷中通过叠加组合，再现原图的真实色彩。

(2) 印刷色彩的还原方式

对连续调图像，是由网点组成半色调图像再现的，网点就成为再现色彩的传递基础。网点在套印时，因其角度和大小不同，印刷网点合成时会产生两种情况，一种为网点叠合，一种为网点并列，它们在色彩合成后的效果也不相同，利用网点的不同组合和油墨的浓度、透明度的变化，便可组合出千变万化的印刷色彩，达到真实复制和还原自然色彩的目的。

2.2.2 印刷网点

　　如前所述，印刷品中的图文信息及色彩明暗是在印刷过程中通过大小不同的网点相互间叠加产生各种不同色相和不同明度的变化而组成的，这种由网点形成的图文在印刷上称为"网屏"。它是印刷工艺中最基本的元素。印刷颜色深浅的标定一般都以10%、20%～100%来表示（见图2.1）。10%的意思是指在单位面积内，网点的总面积所占该面积的百分比，百分比越大网点所占的面积越大，印出的颜色越深，100%就是全部印上颜色，印刷上也称为"满版"。

(1) 网点的线数

　　印刷的网点有粗细之分，以每英寸的纵横交错的网线数目为标准，有60线、80线、120线、150线、175线、200线、300线等，线数越多，网点就越细，成点的面积就越小，印刷效果越精致，当然对纸张质量的要求就越高。通常用光滑的纸张印制精细的印刷品，均采用细密的网线，反之，粗糙的纸张印刷低档次的印刷品，则采用较粗阔的网线。一般在60线至100线内，属于粗糙网线，100线至300线为精密网线。高档画册大都用铜版纸以150线、175线或200线印刷。用新闻纸、胶版纸印刷的印刷品一般用60线、120线，如果采用太细的网线很容易将版糊死影响印刷效果。

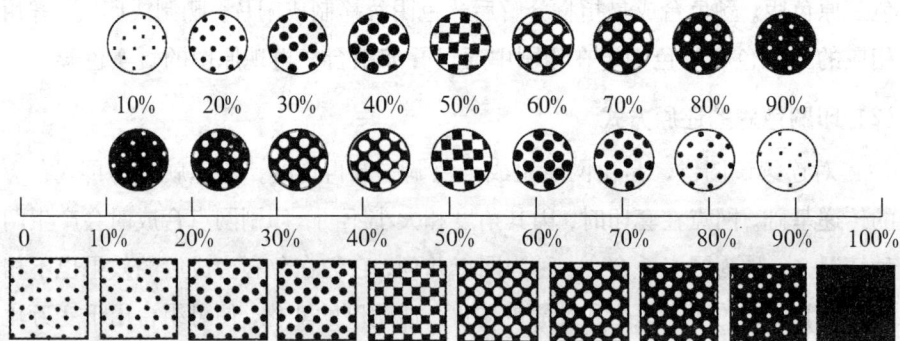

图2.1　网点百分比

（2）网点的角度

一般印刷网点的排列是整齐的，因此在应用上会有角度之分，如单色印刷时，其网线角度多采用 45 度，基于这个角度所印的网点，由于在视觉上最为舒适，极不易察觉其存在，而形成连续灰网的效果。双色或双色以上的印刷，需要留意两个网的角度组合，否则会产生不必要的花纹，即所谓的"撞网"。通常将两个网的角度相差30 度便不会出现撞网，所以一般双色印刷，主色或深色的用 45 度，淡色的用 75 度，三色则分别采用 45 度、75 度、105 度三个角度，四色印刷则分别用红 75 度、黄 90 度、蓝 105 度、黑 45 度。这些角度并无一定限制，可依不同需要而作调整。

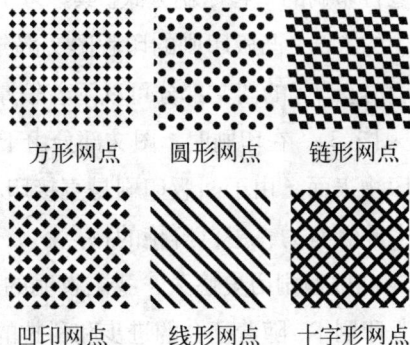

| 方形网点 | 圆形网点 | 链形网点 |
| 凹印网点 | 线形网点 | 十字形网点 |

图 2.2   几种常用网点示意图

（3）网点的形状

印刷网点的形状有方形、菱形、圆形、链状形、母子形，此外还有过渡网、沙目网、同心圆网、波浪网、十字网、绸布纹、截线纹等。设计师可根据不同的设计要求选用不同的网屏（见图 2.2）。

设计师在设计中如果对色彩把握不准，可对照专用的印刷色标进行标色。在印刷色彩的设计使用上，如果能用两种色网叠加出来的颜色就不用三种色或四种色网叠加。多色的叠加会造成印刷中套版的困难，尤其是小号的文字和反白的文字更应该注意这个问题。

2.3   印刷的分类

印刷品的种类繁多，应用范围极为广泛。按印刷采用的印版形式、印刷品的色彩、印刷服务的对象和印刷技术的模式的不同，可将其分别分类如下。

2.3.1　按印版形式分

按照印版形式可分为四大印刷方式，即凸版印刷、平版印刷、凹版印刷和孔版印刷。

(1) 凸版印刷

凸版印刷（Relief Printing）简称"凸印"，俗称"铅印"，是采用凸印版进行印刷的一种印刷方式。其原理类似于印章和木刻版画，是一种直接加压印刷的方法。凸版印刷的印版图文部分是凸起的，高于空白部分。当墨辊经过印版时，凸起的图文部分可以附着较厚的油墨，凹下的空白部分接触不到油墨（见图2.3）。在印刷时，图文部分由于压力的作用，将图文部分的油墨转移到承印物表面。由于凸版印刷是直接印刷，压力重，所以凸印产品具有轮廓清晰、笔触有力、墨色鲜艳的特点。

凸版印刷历史悠久，我国发明的雕版印刷和胶泥活字印刷均属于早期的凸版印刷术。随着社会的进步和科技的发展，凸版印刷所使用的材料和工艺已经有了很大的变化，今天的凸版印刷有活字版、铅版、铜锌版、塑料版、尼龙版、橡皮版、感光树脂版、柔性版等，其中感光性树脂凸版印刷发展迅速，在凸版印刷中占主导地位。

凸版印刷的产品主要有杂志、书刊、封面、商标、包装装潢材料等。

(2) 平版印刷

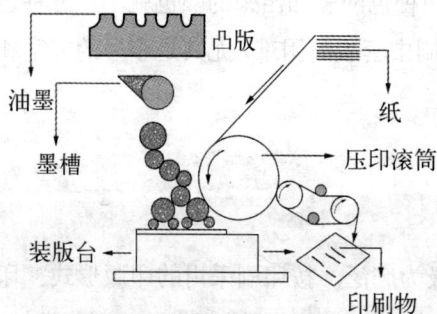

图2.3　凸版印刷

平版印刷（Planographic Printing）不同于凸版印刷，由于在平印版上图文部分和非图文部分几乎处于同一平面（略差6μm左右），故称为"平版印刷"。它是利用油、水不相溶的原理，通过化学处理使图文部分具有亲油性，空白部分具有亲水性。在印刷时，要先用润湿液湿润印版的非图文部分，使其形成有一定厚度的均匀抗拒油墨的水膜；在压力的作用下，印版将图文油墨先印到橡皮滚筒上，然后经橡皮滚筒将图文油墨转印到承印物上（见图2.4）。

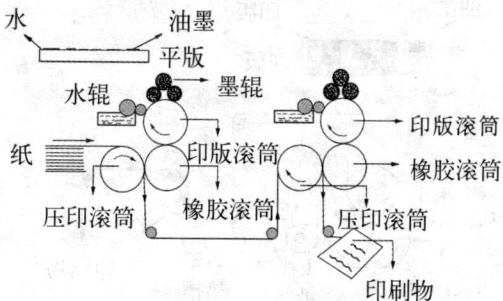

图2.4 平版印刷

平版印刷是由早期石版印刷发展而命名的，早期的石版印刷其版材使用磨平后的石版，后来改进为金属锌版或铝版，但其印刷原理是一样的。今天我们常说的平版印刷通常专指平版胶印。

平版印版有珂罗版、石版、蛋白版、多层金属版、平凹版、PS 版等。由于平版印刷技术随着现代科学技术的不断发展，在工艺、材料和印刷设备上都取得了很大的突破，使它操作更加简便、成本更低、印刷速度更快、质量更好、并适合大批量印刷生产。现在，平版印刷已成为彩色印刷中使用最多的印刷方式，书刊总印量的82%都是采用平版印刷。

平版印刷的产品有书籍、精美画报、广告宣传品、挂历、招贴画、报刊等。

(3) 凹版印刷

凹版印刷（Intaglio Printing）是采用凹印版进行印刷的方式。在凹印版上，图文部分凹下，空白部分凸起并在同一平面或同一半径的弧面上。

凹版印刷的原理是先使整个印版表面涂满油墨，然后用特制的刮墨机构，把空白部分的油墨去除干净，使油墨只存留在图文部分的"孔穴"之中，再在较大的压力作用下，将油墨转移到承印物表面（见图2.5）。

由于印版图文部分凹陷的深浅不同，填入孔穴的油墨有多有少，这样转移到承印物上的墨层也有厚有薄，图文凹进深的地方墨层厚，颜色深，凹讲浅的地方墨层薄，颜色浅。它与凸版印刷一样，印版与承印物直接接触，属于直接印刷方式。

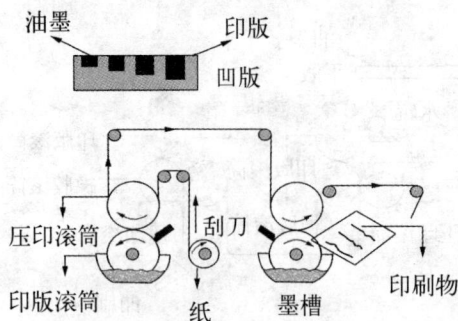

图2.5 凹版印刷

凹版印刷分为雕刻凹版和照相凹版，雕刻凹版是由早期的金属装饰雕刻术演变来。照相凹版又称为影写版，是利用照相的原理对铜版进行感光和腐蚀等处理所得到的印版。除这两种之外，还有蚀刻凹版，其印版材料以铜版和钢版为主。

雕刻凹版印刷的产品线条分明、层次丰富、精细美观、色泽经久不衰、不易仿造。因此一般用来印刷有价证券，如钞票、股票、邮票，另外还有精美画册、塑料薄膜、软包装、纸制品等。但由于它的制版印刷费用较高，一般在广告宣传品印刷中很少使用。

(4) 孔版印刷

孔版印刷（Porous Printing）是采用孔印版进行印刷的方式。它是利用绢布或金属网透空的特性，将图文部分镂空，非图文部分涂以抗墨性胶质体保护，油墨从图文镂空部位漏印至承印物上，而空白部分则不能透过油墨。孔版印刷的加工方式是先把油墨堆积在印版的一侧，然后用刮板或压辊边移动边刮压或滚压，使油墨透过印版的孔洞或网眼，漏印到承印物表面（见图2.6）。

孔版印刷所用印版主要有誊写版（Mimeograph）、镂空版（Skeleton Forme）和丝网版（Screen Plate）等。誊写版印刷又称刻蜡版（刻钢版）油印，这是一种最简单的孔版印刷术，现在已基本被淘汰。

镂空版印又称喷花印刷，是一种古老而又简便的印刷方式。都为手工操作，首先将设计稿画在遮挡物（如牛皮纸、卡纸等）上，用刀片将图文部分刻通，然后将镂空版压附在承印

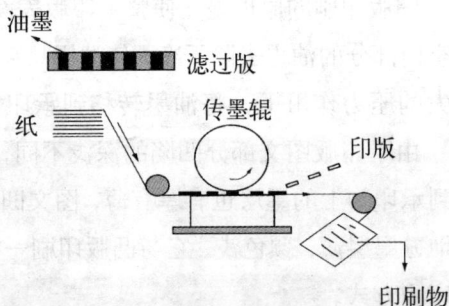

图2.6 孔版印刷

物上，用喷笔枪或喷雾器喷印颜色即可。

丝网印刷又称丝印、网印，是一种被广泛应用的孔版印刷方式。其印版由网框和涂有图文漏孔紧棚在网框上的丝网组成。油墨通过丝网上的漏孔漏印到承印物上。它既可以用手工操作，也可通过很先进的丝印设备印刷。在孔版印刷工艺中，以丝网印刷为主，占孔版印刷的 98% 以上，成为孔版印刷的代表。

孔版印刷的主要产品有线路板、集成电路板、包装装潢材料、版画、纺织品、办公用品等。

2.3.2 按印刷品的色彩分

按印刷品的色彩划分，可以分为单色印刷、套色印刷和彩色印刷三个大类。这也是人们通常最习惯和熟悉的划分形式。

(1) 单色印刷

单色印刷是指整个印刷物只用单一的颜色来表现其所有的文字或图形。单色印刷中使用最多最常见的就是黑色印刷，另外设计师也可根据设计需要调制其他的颜色，如蓝色、红色、绿色等，我们也将这种特意调制出来的颜色称之为专色。单色印刷只需要一张单色印版，使用单色印刷机印刷，印刷过程中也不存在套印、对版等工序。

单色印刷品的文字或图形清晰明快，不存在套版不准等问题，它印刷成本低，工艺较简单，一般以文字为主的印刷品都使用单色印刷，如文字书籍，普通期刊杂志等。单色印刷可以利用挂网（印刷网点）印出不同深浅的明暗层次和影调，如单色照片、图案等。

(2) 套色印刷

套色印刷是以两种以上的色版相互套印来印刷出所需的色彩。其颜色可以直接用现有的印刷成品油墨，也可根据设计需要调制所需的专色。每套颜色需要一块印版，在印刷中进行套印。每套不同的颜色也可利用网点印刷出不同的明暗层次和影调。套色印刷使用最多的是双色套印，双色套印的印刷品在广告设计中经常应用在产品的说明书、邮递（DM）广告的商业信函和广告宣传单等方面。它既有色彩的变化，成本又比四色印刷低。但套色印刷在印刷过程中要求套印准确，其印刷难度比单色印刷要大。

（3）彩色印刷

彩色印刷通常又称四色印刷或天然色印刷。它是利用色彩学三原色原理将所摄取的彩色原稿用红（Magenta）、绿（Green）、蓝（Blue）三种滤色镜加以分色，使原稿上各种不同的色泽经滤色镜分摄成可供晒制青蓝（Cyan）、品红（Magenta）、黄（Yellow）三种印版的分色片，再运用空间混合原理用这三张胶片晒制成印版分别以三原色油墨网点套印，即可产生与原稿相同的各种颜色。由于在三种颜色（即品红、黄、青蓝）相重叠之后，只能产生近似于黑色的色泽，在整个画面层次版调上并不完全够分量，因此在印刷上除三原色之外，必须另加黑版（Black），共为四色。这四原色是彩色印刷中最基本的颜色，印刷四原色的构成加强了影像的细致和对比及其画面的深度。这种把原稿上许多色调分摄成含有三原色和黑色的工艺，称之为分色照相，而经过分色得到的底片就叫做印刷分色胶片或分色阳片。

在实际的彩色印刷中，除以上印刷四原色外，有时根据需要还会增加其他的色版，如人像印刷，为使画面影调、色彩和层次更加细腻丰富，除了基本的四原色之外，另加淡红与淡蓝两色，构成六色印刷。有时在彩色印刷品的设计中，需要大面积的实地版色，为保证其大面积的版色油墨均匀，再调制一个专色来印刷。其他还有印金印银等工艺，也都是在四色印刷的基础上另加专色的印刷方法，后面将有专门的论述。

彩色印刷在印刷技术上难度最大、对印刷设备和技术要求也最高，虽然利用单色印刷机也能通过换版和清洗油墨滚筒来印刷彩色印刷品，但最好还是选择四色或多色印刷机来印刷，以保证其印刷质量和速度。

2.3.3　按印刷服务对象分

从印刷服务对象的角度来分类，有出版印刷、广告印刷、包装印刷和特种印刷四种。

(1) 出版印刷

出版印刷是将文字和图像经过编辑、设计、印刷出来并公开发行的一种印刷方式。它以纸张为主要承印材料，其印刷品如报纸、书籍、期刊、杂志、画册等。出版印刷也可以说是常规印刷，是设计师接触最多的印刷设计业务类别，这类印刷现在多以平版印刷（胶印）为主。

(2) 广告印刷

随着市场竞争的日趋激烈，广告印刷品的数量和比重在整个印刷业中不断地增长，并且对印刷质量的要求也越来越高。我们今天看到的最精美的印刷往往都是广告宣传品，如招贴、宣传画、杂志中的广告插页、产品样本、广告明信片、商品目录等等。

(3) 包装印刷

包装印刷种类繁多，分类方法也各不相同，人们一般习惯以包装的内容和包装材料这两个方面对其进行分类。在本书前面印刷类平面设计的种类中已经介绍，这里不再重复。

(4) 特种印刷

特种印刷是指采用不同于一般制版、印刷、印后加工方法和材料生产供特殊用途的印刷方式的总称，即除常规印刷物以外的其他特殊印刷物的印刷方式均为特种印刷。人们有时也将除在纸张以外其他任何承印物上的印刷统称之为特种印刷。特种印刷适用于不同的承印材料，其承印物适应范围极为广泛。

由于特种印刷的方法种类繁多，应用十分广泛，因此其分类方法很不统一，有按印刷工艺方法分类的，也有按特种印刷的服务对象和使用功能进行分类的。这里我们拟将它们分为三个大类。

A.根据使用的特殊工艺可分为立体印刷、非接触印刷、感热印刷、转移印刷等。

B.根据使用的特殊材料分，包括不同的印版、不同的印刷油墨和不同的承印物。如按印版可分为金属印版、珂罗版、柔性版。按油墨可分为荧光油墨、珠光油墨、香味油墨、变色油墨等。承印材料就更多了，如塑料薄膜、皮革印刷、金属印刷、玻璃印刷、纺织物印刷、陶瓷印刷、铝箔印刷，另外还有各种成型物印刷、容器印刷等。

C.根据使用的功能分，有有价证券印刷、防伪印刷等，如金融债券、纸币、邮票、防伪商标印刷、磁卡印刷、智能卡印刷，还有盲文印刷、如电路板印刷、太阳能电池印刷、集成电路印刷等。

2.3.4 按印刷技术的模式分

按印刷技术的模式分，可以分为传统的模拟式印刷和现代正在不断发展的数字式印刷。

(1) 传统模拟式印刷

传统模拟式印刷是指使用印版或其他方式将原稿上的图文信息经过印刷油墨和压力，将其转移到承印物上的工艺技术。虽然由于桌面出版系统的不断完善，传统的印前工艺和手段今天已经基本上被计算机所替代，但在印刷阶段，我们今天仍以传统的模拟式印刷方式为主，其基本的印刷工艺原理并没有像印前技术那样，得到革命性的彻底改变。随着科学技术的发展和计算机的广泛应用，传统的印刷工艺的组织结构正在发生巨大的变化。今天，印刷技术已从模拟化向全数字化方向发展。随着彩色桌面出版系统的不断完善和普遍采用，为印刷数字化的运用打下了基础。我们相信，数字式的印刷时代已经离我们越来越近了。

(2) 数字式印刷

数字式印刷是在20世纪90年代发展起来的印刷新技术，目前数字式印刷还只定位于个性化彩色短版印刷市场，但从长远来看，数字化印刷应该是未来印刷发展的方向。

数字式印刷（Digital Printing）又称"数码印刷"，是指将数字式页面直接转换成印刷品，无需其他中介环节的印刷复制技术，是与传统印刷方式完全不同的一种现代化印刷方式，是从计算机直接到纸张或印品的处理过程（Computer to Paper/Print）。

数字式印刷方式具有如下特点：

A.不需印刷胶片和印版。数字式印刷属于无版印刷范畴，从原理上讲，它不再使用印版，至少不再使用传统的固定印版。因此它不需要印刷胶片、印版，无水墨平衡问题，简化了传统印刷工艺中许多繁琐的工序。

B.可实现个性化和按需印刷。因为无印版，数字式的印刷可以使任何相邻的两张印品都不一样，实现了可变信息印刷，即个性化印刷。由于它省去了制版成本，因此在短版印刷市场占有极大优势，可实现按需印刷（On-demand Printing）。

C.可联机作业。数字式印刷技术是通过数字通信印刷与网络技术相结合，建立在数字信息处理、高密存储和网络传输基础上的全数字式生产流程。设计师可以将原稿、电子文件或从Internet网络系统上接受的各种网络文件输入计算机，在计算机上进行创意设计，再将这些信息经过 RIP 处理，成为相应的单色像素数字信号直接传送到承印物上；或传至中间过渡的成像系统，控制成像系统曝光，经感光后形成可吸附油墨或墨粉构成图像或文字，然后再转印到纸张等承印物上，完全克服了以实物为载体转换、仓储和交通运输为基础的传统印刷过程中难以克服的时间和地域障碍。

D.印刷操作简单。数字式印刷还有一个特点就是数字式印刷机操作简单，无需专业人员操作。

数字式印刷方法可分为卤化银方法、热印刷方法、喷墨方法和静电方法。数字式印刷技术由于技术和价格等方面的原因，与传统的模拟印刷方式相比，现在还处于辅助地位，但它无疑代表了未来印刷技术的发展方向。

第3章 计算机与印刷设计

　　计算机在设计和印刷领域的广泛普及与应用，不仅改变了平面设计师的设计方式和手段，同时也在很大程度上改变了传统印刷工艺和流程，这一点在印前部分体现得尤为突出。今天的设计师不用拿着笔和尺去画墨稿，写美术字，不用拿着剪刀、尺子和胶水去拼贴图片，10多年前各大小印刷厂内随处可见的笨重的铅字版架与充满难闻药水气味的制版室，以及稍后的植字店、排版中心、照相制版中心和专门从事物理分色与手工拼版的制版公司等，对于今天开始学习平面印刷设计的学生来说，似乎已是遥远的历史。

　　彩色桌面出版系统（Color Desktop Publishing System）是以通用计算机为核心，配以输入的数字相机或扫描仪和输出的彩色打印机，形成一套可以同时处理文字、图像，并一次性输出整页彩色打样页面或分色片的彩色出版系统。

3.1　硬件系统

　　随着计算机的日益发展普及和广泛应用，其性能不断的提高和价格的不断下降，今天拥有一套印刷设计用的电脑系统，对于广告公司或平面设计师个人来说不再是一件困难的事情。一套完整的电脑创意设计系统，主要包括输入、处理、输出和移动存储四大部分。

3.1.1　电脑

　　平面设计用的电脑分为两大类，即苹果电脑（Macintosh）和PC（Personal computer，个人电脑，也称PC机）。

(1) 苹果电脑

电脑平面设计和彩色桌面出版系统首先是由美国苹果电脑公司开发出来的，今天我们所使用的大部分平面设计软件最早也是专门针对苹果机开发的。苹果电脑以其性能稳定、操作简便、显示器色彩还原好（WYSWYG，所见即所得）、平面设计软件齐备、输出方便等优点，深受设计师们的喜爱，是许多专业广告公司和输出中心的主选设备。但由于过去苹果电脑的价格比PC机要贵很多，所以在我国其用户没有PC机那样普及。

(2) 个人电脑

近几年来PC机随着其硬件性能和系统软件的不断升级换代，过去苹果电脑专用的平面设计软件现在基本上都能够在PC机上安装使用，苹果和PC机上的许多文件也能互相转换共享，输出中心也为PC机用户的出片提供了很大的方便，加上PC机的价格便宜，设备的维护和保养方便等优势，因此仍受许多设计师的喜爱，特别是小型的广告公司和个人设计工作室，一般都以PC机为主进行平面设计。

3.1.2 扫描仪

在数字印前系统中，获取数字图像的最常用方法是通过扫描仪扫描。在印刷品上正确再现彩色原稿的色彩和层次，扫描是至关重要的第一步。

(1) 扫描仪的种类

扫描仪又称为图像输入设备，是指能将二维或三维的模拟图像信息转变为数字信息的装置。它将照片和其他图片通过扫描转化为数字图像，是从事平面设计中不可缺少的工具之一。图像信息的输入可分为两种方式：一种是电子扫描方式，电子扫描主要应用于摄像等方面，采样图像精度不高，不能满足印刷的要求；一种是机械扫描方式，印刷设计中主要采用这种方式进行扫描。

机械扫描方式分为滚筒式扫描和平面式扫描两种形式：滚筒式扫描多采用光电倍增管作为光电转换器件，具有采样精度高、阶调范围宽、能表现出图像丰富的暗调细微层次的特点。平面扫描方式多采用电荷耦合器件（CCD）作为光电转换器件，其采样精度、分辨率、阶调范围、暗调细微层次不如滚筒扫描，但它价格便宜，体积小，仍然是许多广告公司和设计室的首选。

除此之外还有手持式扫描仪，但它只能扫描较小的稿件，分辨率也不高，一般只在100～800DPI之间，远不能达到印刷设计的图片扫描精度，这种扫描仪现在已经逐步被市场淘汰。

（2）扫描仪的技术指标

扫描仪的主要技术指标有：原稿种类、输入分辨率、扫描密度范围、有效输入灰度级、输入速度、输入数据格式、接口标准、输入幅面以及输入倍率等。

原稿种类是指透射或反射原稿，正片或付片等。扫描仪输入分辨率的大小是衡量扫描仪扫描精度的重要指标，反射原稿最高输入分辨率通常为600～2400DPI，透射原稿最高输入分辨率通常为300～8000DPI。扫描密度范围是指扫描仪能够分辨的原稿的最大密度范围。扫描仪的幅面也是一个重要的技术指标，通常对扫描仪进行分类，主要也是以幅面大小作为依据的。台式扫描仪一般以A4、A3幅面为主。更大幅面的扫描仪是滚筒式扫描仪，目前市场上有A1和A0幅面的滚筒式扫描仪。

典型的专业滚筒扫描仪是在电子分色机前端的一种高质量、高档次的彩色图像输入设备，其特点是速度快、质量高、输入图像尺寸大，并能使输入图像的亮度、反差、色相、饱和度、颜色校正、灰平衡、细微层次强调、底色去除或

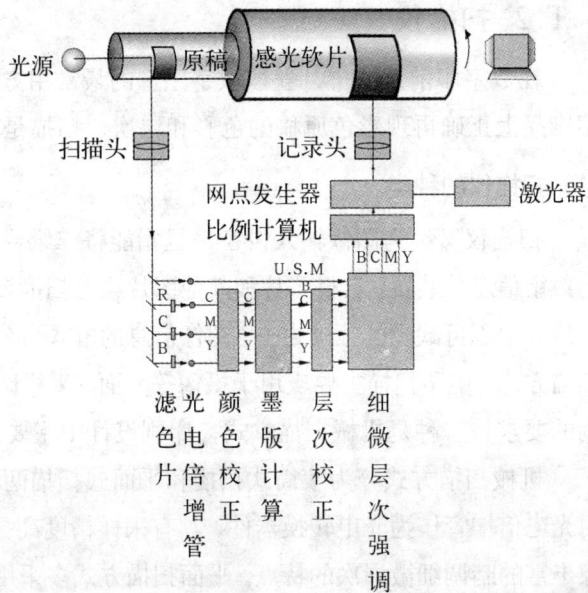

图 3.1　电子分色机基本结构

增益等调整，在扫描过程中完成。电子分色机基本结构（见图3.1）。

　　作为小型的广告设计公司或个人设计室，购置一台扫描精度高的平板扫描仪就行了，如要制作高精度或大幅面图片的印刷设计，最好是在设计方案定稿后将最后确定的图片拿到专业的输出中心用专业的滚筒扫描仪进行扫描或电子分色处理，以保证图片的印刷质量。

3.1.3　后端输出设备

　　在印刷类平面设计中，输出设备根据需要主要分为两大类：一类是作为设计打样的彩色打印机；另一类是作为输出印刷胶片的专用输出设备。

（1）预打样设备

　　预打样的目的是将电脑设计稿在正式输出之前用打印机打样进行检查及给客户看样。预打样设备是从事平面设计不可缺少的设备之一。但由于打印机打样不加网，也不是使用印刷纸张和油墨，与实际印刷品质量效果有一定的差距，因此在印刷行业人们将彩色打印机的打样称为预打样。

　　彩色打印机的种类和品牌现在电脑市场上很多，目前市场上主要的彩色打印机类型主要有彩色喷墨打印机、热蜡式打印机、热转印式打印机、热升华式彩色打印机和彩色激光打印机等，用户可供选择的空间很大。一般广告公司和设计室大都选用彩色喷墨打印机进行设计打样，因为它价格便宜，性能和打印效果都能满足设计打样要求。

（2）印刷胶片输出设备

　　以印刷为最终目的的平面设计，设计稿被客户认可后，接下来便是将设计文件输出为印刷用的胶片。印刷胶片的输出主要有激光印字机、激光照排机（ImageSetter）、CTP直接制版机（Computer to Plate/Press/Paper）等，其中应用最为普遍的是激光照排机，它通过栅格图像处理器RIP（Raster Image Process）直接将电脑送来的文件输出，生成C、M、Y、K四张分色胶片（激光照排机在后面的输出部分有较详细的介绍）。CTP直接制版机是计算机直接制版系统中制版或印品的输出设备。直接制版机实际上是一台由计算机控制的激光扫描输出设备，在结构上与激光照排机非常相似，所以也称为印版照排机。

3.1.4 移动存储器

移动存储器的作用是在设计中进行设计文件的存储、移动和交换。一般电脑固定配置的三寸软驱由于其软盘的存储量只有 1.33MB，远远不能满足平面设计中图形图像文件的存储和移动的需要，所以配备一个大容量的移动存储设备，是印刷设计必不可少的。常用的移动存储设备有 MO 光盘 (Magneto-Optical Disk)、移动硬盘、CD-ROM 光盘 (Compact Disc Read Only Memory) 和优盘。

(1) MO 可读写光盘

MO 可读写光盘是输出中心和广告公司过去几年中最常用的移动存储设备，由光盘驱动器和光盘组成。光盘驱动器有内置和外置两种，存储量主要有 230MB 和 640MB 两种。使用 MO 可读写光盘进行文件的交换，要求对方也有相应的设备，并且像 230MB 的驱动器就不能读 640MB 的盘，因此实际使用起来不太方便，每张盘的价格也较贵。另外，由于各种原因，MO 光盘在异地打不开的情况经常发生，所以现在很多广告公司和设计师都较少用它了。

(2) 移动硬盘

移动硬盘是现在很流行的一种移动存储工具，其存储量一般由 10GB 至 40GB 不等，它体积小，存储容量大，携带方便，性能也很稳定。移动硬盘都是 USB 插口，在苹果机的操作系统和 IBM PC 机的 Windows2000 和 Windows XP 系统上都可实现热插，使用非常方便。

(3) 可刻录光盘

可刻录光盘也是现在深受设计师喜爱的产品，现在配备一个可刻录光盘驱动器很便宜，一张白盘价格仅在 2 至 3 元之间，每张盘片可刻录达 650MB 的文件，并且性能稳定，操作、携带也很方便。

(4) 移动优盘

该盘体积极小（通常只有大拇指大小），存储容量从几十兆到数百兆不等，USB接口，携带和使用极为方便，性能也很稳定，特别适合于传输比较小的设计文件。

3.2 电脑平面设计软件

电脑平面设计所使用的软件可分为三大类，即图形设计软件、图像设计软件和排版设计软件。下面主要针对印刷设计中常用的几个平面设计软件做一个介绍。

3.2.1 图像设计软件

图像设计软件在平面设计中主要的作用是处理位图（Bitmap，也称点阵图或光栅），我们将这种图称为图像。在技术上称为栅格图像，它使用色彩网格即像素来表现图像。每个像素都具有特定的位置和色彩值，设计师在处理位图图像时，所编辑的是像素而不是对象或形状。图像设计软件在设计中主要是以处理照片为主，同时还可以利用位图绘制绘画、图案、文字等有丰富的层次和细腻柔和的明暗、色彩变化的作品。

图像设计软件在现代的印刷业中，不仅取代了过去的照相制版和暗房制作等大量繁琐的设计制作工序（如对图像进行色彩和明暗的校正调整、修版、特技制作、分色处理等），还可设计制作出许多传统印刷工艺根本无法达到甚至无法想象的视觉艺术效果。

(1) Adobe Photoshop

在设计界使用最广的图像平面设计软件是美国 Adobe 公司出品的 Photoshop。它因其强大的图像处理功能、绘画功能和网页动画制作功能，以及集多种绘图、调整、修饰和特殊效果工具于一体而成为图像处理领域的首选软件。

Photoshop 最早主要应用于图片的编辑处理，相当于一个功能全面的电子暗室，设计师可以使用系统提供的图像处理功能调整图像的曝光度、色彩的色相和饱和度，调整色阶曲线等控制点和图像的动态范围，使所制作处理的图片更加逼真、完美。可以对图像文件进行剪裁、拼接、合成，还可以使用多达近百个特殊滤镜效果制作各种电脑图像特技效果，包括图像的锐化、柔化、风格化、自然材质效果等等。如今，Photoshop 已发展到动画制作、Web 图像应用、影像输出以及外挂程序的跨行业应用等多种商业领域，一直深受广大设计师、摄影师、画家、多媒体制作师和修版师的喜爱，并在全世界范围内得到广泛的应用。

(2) Photostler 与 Corel Photo

除 Adobe Photoshop 外，还有美国 Aidus 公司的 Photostler、加拿大 Corel 公司的 Corel Photo 等软件，也能处理图像作品，并具有很强大的图像处理功能。但在专业的平面设计中，设计师一般都习惯使用 A d o b e Photoshop。

图像设计软件虽然可以绘画和进行文本的输入与编排，也可直接打印和胶片输出（出片），但在实际的平面印刷设计中它仍以处理照片为主。图文混排或文本的输入一般都将经过图像设计软件的文件导入到图形设计软件或专门的排版软件中进行。这是由图像（位图）设计软件自身的特性、文件格式所占用的空间和对设计稿的修改调整的方便等因素所决定的。

位图文件在平面印刷设计中对文件的色彩模式、文件格式、分辨率和尺寸大小都有明确严格的要求，不能任意更改。位图图像与分辨率有直接关系，也就是它们包含固定数量的像素。文件尺寸要在图片输入或设立新文件时就确定下来，不能对它们进行缩放或以低于创建时的分辨率来打印和输出，否则将丢失其中的细节，并出现锯齿和马赛克状。

3.2.2 图形设计软件

图形设计软件在平面设计中主要的作用是以矢量图形 (Vector) 设计制作像商标、卡通图案、图表图例和文字效果等。我们一般把它称为图形，在平面设计中它具有位图设计软件无可替代的功能和优势，是平面设计中不可缺少的应用软件。

矢量图形的几个主要设计软件在过去苹果机和 PC 机上是不能共享互用

的，但随着近年来计算机的发展和软件开发商的共同努力，这些过去针对不同机型开发的软件现在都可以共用了。

矢量图形设计软件虽然较多，但其成像原理和基本的操作程序大致相同。常见的基本工具有笔（直线、曲线）、几何图形（如圆形、矩形、多边形）工具等，通过辅助线、数字精确输入和形与形之间的结合、修剪、相交等辅助作图方式精确绘制出任意复杂的矢量图形。具有RGB、CMYK等多种色彩模式，色彩的填充除平涂和渐变外，还有软件自身所带的图案和纹理填充。可进行文字的输入、变形、特效制作、图文编排等。

(1) CorelDRAW

CorelDRAW是加拿大Corel公司最早针对PC机开发的基于Windows的著名图形专业设计软件，虽然它也具有图像和排版设计的功能，但它一直以处理矢量图形而闻名全球，曾在国际上赢得了270多项一流的大奖。它集设计、绘画、制作、编辑、合成和高品质输出于一体，适用于封面设计、插图、卡通画、海报、广告宣传画、排版设计、包装设计、网页设计及CI、VI设计等。作为图形设计领域中的佼佼者，以其功能强大且简便实用的特点，成为目前最流行的面向对象的图形软件包。

也许是设计师们习惯的问题，虽然CorelDRAW的苹果（MC）版本早已出来，但大多数的设计师还是只在PC机上使用该软件。

(2) Illustrator

Illustrator是美国Adobe公司最早为苹果电脑（Macintosh）推出的矢量图形设计软件，一直是世界标准的矢量图形设计工具。具有文字输入、编排和图形图表的设计制作等强大功能。在广告设计、标志设计、产品包装、Web图形设计、字形处理、专业绘画、工程绘图等方面，提供了无限的创意空间，是广大平面设计师在苹果电脑设计系统中使用的最多的图形设计软件之一。

(3) Freehand

Freehand是美国Macromedia公司1987年为苹果电脑（Macintosh）推出的矢量图形设计软件，经过十多年不断地改进升级，一直深受广大平面设计师，特别是广大Macintosh用户的欢迎。

以上三个图形设计软件是平面设计和印刷出片中最常用的，其矢量图形都是由一些基本的图形元素组合而成。因此它们在软件的具体操作使用上基本上相同，设计师可根据使用的计算机种类（如 Macintosh 或 PC）、个人的习惯和喜好选择其中一种来使用。

由于绘图软件中的线条、形态和文件都是以数学公式的形式定义的，所以这些对象能自动地以输出设备的最大精度输出，不论是激光打印机、激光照排机还是胶片输出机。绘图程序将数学公式发送给打印或输出设备，打印或输出设备会按数学公式将图形描绘到打印纸或胶片上。因此设计师设计制作的图形文件在输出和打印时，可以任意定义它的文件尺寸，而不像图像文件（位图）那样，受到原始图片文件的尺寸和分辨率的严格制约。

3.2.3 排版设计软件

虽然图形设计软件如 CorelDRAW、Freehand、Illustrator 都具备了排版和输出功能，但多页面和大量文本的版式设计（如报纸杂志、书刊画报等），仍然采用功能要强大得多的专门的平面设计排版软件。现在国内应用较为普遍的专业排版设计软件有：

(1) PageMaker

PageMaker 是美国 Adobe 公司开发的世界上第一套专业桌面出版印刷系统的排版软件，也是目前全世界范围内应用最为广泛的平面设计排版软件，它将图文处理与排版功能集于一体，能够将文字、表格、图形和图像混合在一个直观的环境中进行编排。由于它功能强大、使用方便而迅速被推广到全世界的平面设计排版和印刷领域，受到业内人士的普遍好评。我国绝大多数广告设计公司和专业的印刷输出中心，主要采用 PageMaker 进行排版设计和输出，如编排制作广告宣传册、各种类型的书籍、画报、杂志等。随着 PageMaker 版本的不断升级，新的功能也在不断增加，使它由过去的印前桌面出版领域扩展到了电子出版领域。使用 PageMaker 的导出和链接功能，可以将带有超链接热点的出版物生成为 PDF 格式文档，或导出成 HTML 文件，从而实现电子出版。

(2) 方正维思（Wits）与方正飞腾（Fits）

方正维思（Wits）与方正飞腾（Fits）是我国方正集团在 Windows 环境下自行开发的印刷排版设计软件，是中文排版软件中的领先者，特别是在我国报业和专业出版界，占有很大的市场。Wits 是第一个在 Windows 环境下实现色彩中文排版的系统软件，可用于中文、西文、少数民族文字、数学、化学、棋牌、表格等的排版设计。该软件字体丰富，排版方法灵活多样。Fits 是由方正技术研究院自主开发的大型的、面向对象的彩色排版软件，所采用的中文排版技术居世界领先水平，是一个功能强大，集文字排版、图形设计和图像处理于一体，输入、输出标准化的集成排版系统。

3.3 电脑图像的色彩模式

在计算机的数字环境中，颜色可以通过各种不同的配色方式配制出来，这种不同的配色方式，我们称为色彩模式。每一种色彩模式所能表示的颜色范围就是该色彩模式的色彩空间，也被称为色域。色彩空间是一个色系能够显示或打印的颜色范围。它表示图像的颜色范围，即图像中所具有的颜色数。每种色彩模式都有其各自的意义和适用范围，对于 RGB、CMYK 和 Lab 模式而言，它们的色彩空间是不同的，所能描述的颜色范围也不相同。在计算机图像设计软件 Adobe Photoshop 的 Image/Model 中，可实现图像文件的色彩模式转换。

3.3.1 RGB 模式

RGB 色彩模式是以色光三原色（R —红色、G —绿色、B —蓝色）为基础建立的色彩模式，电脑屏幕显示的色彩模式就是由 RGB 这三种颜色所组合而成。每个颜色有 256 个亮度级，图像各部位的色彩均由 RGB 三个色彩的数值决定。当 RGB 色彩数值为 0 时，该部位为黑色；当 RGB 色彩数值均为 256 时，该部位为白色。RGB 模式中，每一色光在电脑中以 8 位表示，各有 256 种阶调，三色光交互增减，就能显示 24 位的 1 677 万色（256 × 256 × 256 = 16 777 216），这个数值就是通称的 RGB 真色彩。

在印前系统中，RGB色彩模式主要用于计算机屏幕显示和扫描仪扫描图像色彩信息等。在扫描仪扫描图像时，扫描仪首先提取的就是原稿图像上的RGB色光信息，虽然许多高档扫描仪能够直接扫描出CMYK图像，但任何扫描仪都是使用白光扫描图像表面，然后收集其反射透射的RGB色光信息，再通过分色处理转换成CMYK四色图像的。

3.3.2 CMYK模式

印刷专用色彩模式，主要应用于四色印刷中印刷油墨叠印成色和彩色打印机打印CMYK图像。彩色印刷品千变万化的色彩均由CMYK（C—青色、M—品红、Y—黄、K—黑）四色油墨产生，即我们通常所说的四色印刷。由于它们的色彩还原一般是通过网点的大小来模拟和再现连续效果，所以在使用中用网点的百分比来表示其颜色的深浅。CMYK各分量的变化范围均为0~100%，当C、M、Y、都为0%时为白色，当C、M、Y都为100%时为黑色。理论上用C、M、Y三种基本色就可以合成黑色，但由于印刷油墨混合黑度不足，所以黑色便独立出来自成一色，以保证印刷品质量。

在印刷设计中，只有CMYK模式生成的图片才能用于印刷的电子分色系统，如果是以RGB或是以其他模式生成的图片，分色之后将既不是屏幕上显示的颜色，也不是印刷色。在印刷出片和晒版过程中，一般在每张不同色版的印刷胶片的上方都会相应地用C、M、Y、K来标记，以免在印刷时将色版弄错。

3.3.3 Bitmap黑白位图模式

黑白图像色彩模式，只有黑色和白色，所以又称为黑白二值图像，其图像类似黑白装饰画和版画效果，没有中间过渡影调。在电脑上用1位就能表示这种色彩。位图需由灰度图转换而来，如果在设计中需要将RGB或CMYK图像换成黑白两色效果，只需将其色彩模式转换为Bitmap，必须先将它们转换成Grayscale才可。

3.3.4 Grayscale 灰度模式

灰度（Grayscale）的图像共有 256 个阶调，只表达单色信息。看起来类似传统的黑白照片：除黑、白二色外，还有 254 种不同深浅的灰色调，拥有丰富细腻的阶调层次变化，即素描中所说的中间过渡影调。电脑必须以 8 位来存储这 256 种阶调。其中 0 表示黑色，255 表示白色。在设计中如果需要将彩色图片转换成具有明暗层次变化的单色效果，只需在 Photoshop 的图像／模式菜单中将其色彩模式由 RGB 或 CMYK 转换为 Grayscale 即可。

3.3.5 Indexed 索引颜色模式

由于 24 位的全彩色图片所需要的存储空间非常大，若要把 24 位的全彩色图片转换成 256 色的 8 位，通常必须经过索引的步骤（Indexed），也就是在原本 24 位的 1677 万色中，先建立颜色分布表（Histogram），然后再找到最常用的 256 种颜色，定义出新的调色板，最后再以新调色板的 256 色取代原图。通常我们用于印刷的数字图像必须是真色彩图像（RGB：24 位，CMYK：32bit），因此这种模式的图像只能当作特殊的效果及专用，不能用于常规的印刷中。

3.3.6 Duotone 双色调模式

一般的彩色印刷品是由 CMYK 四种油墨印刷出来，但有时由于设计上的特殊要求或印刷成本的限制，只需双色套印即可。在这种情况下，应选择双色调色彩模式。双色模式使用二至四种油墨来产生图像，每种油墨可分为 256 个等级。

双色调的色彩模式，其颜色在 Photoshop 中可以任意选择和自由搭配，并可在显示屏上立即看到预视效果。

3.3.7 Lab 模式

Lab 色彩模式是依据国际照明委员会（CIE）1931 年为颜色测量而设定的颜色标准得到的，它是一种与设备无关的颜色模式，一个 Lab 颜色数据值在任何时候，任何设备上都是惟一的，它解决了不同外设，不同屏幕上显示的颜色不一致这一难题。几乎能表示所有 RGB 和 CMYK 的颜色。L 表示色彩的明度、a 表示由绿到红的颜色范围，b 表示由蓝至黄的颜色范围。

3.3.8 Multichannel 多通道模式

该模式由不同的通道组成，各个通道可以是 RGB 或其它模式中的色彩通道，每一个通道中使用 256 级灰度，主要用于一些特殊的打印任务。由 Multichannel 模式转化为其他模式时，能产生不同的组合效果。

3.4　图像的分辨率与像素

3.4.1　分辨率

分辨率（Resolution）是指图像文件包含细节和信息的数量，用来表示图像扫描设备、显示设备、输出设备的精度和能够产生的细节水平，它有多种计量单位，是衡量图像或印刷品质量的重要指标。分辨率的大小将影响最终输出的质量和文件的大小。

分辨率的单位是 DPI（Dots Per Inch）或 PPI（Pixels Per Inch），就是每英寸的点的数目。这个点就是像素（Pixel），通常图像分辨率是以每英寸包含多少像素（PPI）来计算的，而输出设备（如照排机、激光打印机）则以输出分辨率即每英寸点数（DPI）来计算。像素越细越密，图像的清晰度就越高。但在实际使用中，分辨率高低的设置必须根据设计和印刷工艺的要求等多种因素来确定，并不是任何图像都一定要调到最高分辨率。当我们制作或扫描一张图像时，我们所选择的分辨率首先必须满足最后输出时的品质要求。如报纸印刷的网点比精美画册要低，它们对图像文件的分辨率的要求就不一样。如果将用新闻纸印刷的报纸上的图片分辨率调至与用铜版纸印刷的画册相同的分辨率，不仅毫无意义，反而会导致印刷糊版。另一方面，分辨率越高，其中的点数必然相应越高，其信息量就越大，它所占用的磁盘空间越大，设计师在编辑操作和文件传输中也会比较困难。

决定一幅图像作品的外观显示，其图像分辨率和像素尺寸是相互依存的。

图像中的细节部分取决于像素尺寸，而图像分辨率则控制打印像素的空间大小。用户不需要更改图像中的实际像素数据就可以修改图像的分辨率，只要更改图像的打印大小即可。但要保持相同的输出尺寸，则更改图像的分辨率就需要更改总的像素数量。

但图像以较低的分辨率被扫描后，增加低分辨率图像的分辨率只是将原始像素的信息扩展为更大数量的像素，并不能提高图像的品质。

电脑平面设计中不同对象的分辨率设置参数如下：

（1）一般用于喷墨打印输出的文件（如大型户外喷绘广告、灯箱片、印刷小样等），图片分辨率为100DPI。

（2）一般使用新闻纸印刷的彩色或黑白报纸，其分辨率为120DPI。

（3）一般采用胶版纸、画报纸、铜版纸、卡纸、白板纸印刷的彩色图片（如书封、画报、广告宣传品、杂志等），分辨率为300DPI。这是我们常规印刷中使用的标准图像文件的分辨率。

（4）高档书籍、精美画册和广告印刷品，图片的分辨率为350DPI。

（5）精装珍品图书或特殊有价证券、特殊纸币等，分辨率为400DPI（具体情况要根据印刷纸张和印刷设备来确定）。

（6）屏幕显示、网页制作的图片分辨率为72DPI。

3.4.2 显示器分辨率

显示器上每单位长度所显示的像素或点的数目称为该显示器的分辨率。通常显示器分辨率是以每英寸含有多少点（DPI）来计算的。显示器的分辨率取决于显示器的大小及其像素设置。大多数显示器的分辨率为96DPI，而较早的 Mac OS 显示器的分辨率为72DPI。

3.4.3 打印机分辨率

打印机在每英寸所能产生的墨点数目（DPI）称之为打印机分辨率。大多数桌面激光打印机的分辨率为600DPI，而照排机的分辨率为1200DPI或者更高。为了达到最佳的打印效果，图像分辨率可以不必与打印机的分辨率完全相同，但必须与打印机的分辨率成比例。

通常喷墨打印机产生的是喷射状墨点，而不是真正的点，但是大多数喷墨打印机的分辨率大约在 300DPI 和 600DPI 之间，当打印高达 150DPI 的图像时，往往能获得较佳的打印效果。

3.4.4 像素尺寸

位图（光栅）图像是由像素点构成的，那么像素（Pixel）尺寸就是位图图像的高度和宽度的像素数量。像素并没有实际存在的尺寸大小，它只是简单地将三四个数字集中在光栅坐标系统中的某个位置。像素只有赋予了一个真实的尺寸后才开始发挥它自己的作用。当拍摄的图像被扫描后，或其它种类的作品被输入或转化为光栅格式时，像素就可获得其初始尺寸。图像在屏幕上的显示尺寸由图像的像素尺寸和显示器的大小设置决定。

3.4.5 文件大小

文件的大小即一个位图图像的大小，通常是以千字节（KB）、兆字节（MB）或千兆（GB）的单位来计算。文件的大小与图像的像素尺寸成正比。在相同的打印尺寸之下，像素多的图像产生更多的细节，但它们所需的磁盘存储空间也更多，其编辑制作和打印的速度相对要慢。

3.5 常用文件格式

电脑平面印刷设计中由于所使用的应用软件、输出要求和设计制作阶段的不同，文件的存储的格式也各不相同，特别是作为位图的图像文件，设计师必须严格按设计要求来正确选用它的文件存储格式。另外，由于不同的文件格式所使用的压缩方法不同，因此，即使像素尺寸相同，文件的大小也不一样。在印刷平面设计中，常用的应用软件文件存储格式有以下几种：

3.5.1 PSD 文件格式

PSD 是 Photoshop 默认的文件格式，是由 Adobe 公司开发的适用于 Photoshop 的图像格式。该图像格式支持所有的图像模式，例如位图、灰度、

RGB、CMYK、专色通道、多图层以及剪裁路径等。它是 Photoshop 的常用工作格式，一般在图像文件的编辑制作中，均使用该格式存储。

但在平面设计中，PSD 格式的位图文件不能直接置入到像 Pagemaker 的排版软件中去进行图文混排处理，必须要用 Save As 或 Save a Copy 命令，将它保存为 TIFF 文件格式。TIFF 格式将丢掉原 PSD 格式中的所有图层、通道和蒙版等信息。另外，由于 PSD 格式保存了位图的通道、蒙版和层等信息，为设计过程中对位图文件的修改和调整提供了极大的方便，但它所占用的磁盘存储空间与其它文件格式相比是最大的。

3.5.2 TIFF 文件格式

TIFF 是标记图像文件格式（Tagged Image File Format），为页面排版应用程序专门开发的文件格式。TIFF 是一种灵活的位图图像格式，几乎所有的绘画、图像编辑和页面版面应用程序都支持它，而且几乎所有的桌面扫描仪都可以生成 TIFF 图像文件。特别是在出版和印刷行业，是应用最为广泛的数字图像文件格式。现在一般中高档以上的数码照相机也可以用 TIFF 文件格式直接拍摄照片。

TIFF 格式文件能够保存 CMYK、RGB、Lab 颜色模式信息和灰度图像，但不能保存双色调信息，该格式被广泛应用在操作平台和应用程序之间交换文件信息。如前所述，当需要将位图导入到 Pagemaker 的排版软件中去进行图文混排处理时，必须将位图的 PSD 文件合层后转换成 TIFF 文件格式。

3.5.3 JPEG 文件格式

JPEG（Joint Photographic Experts Group 或 .JPEG）联合图片专家组格式是在 World Wild Web（即 WWW，万维网）常用的一种图像文件格式，它是专为计算机图形而开发的一个压缩方案，支持多达 32 位颜色，是照片和扫描图像的最佳选择，主要用于摄影图像的存储和显示。

JPEG 文件支持有损耗压缩，它可保留 RGB 图像中的所有颜色信息，可通过有选择地扔掉数据来压缩文件大小。JPEG 图像在打开时自动解压缩。压缩的级别越高，得到的图像品质越低；而压缩的级别越低，得到的图像品质越高。

在高档印刷品的设计中（如精美的画册或样本等），应该尽量少用 JPEG 的文件格式，即使不得已使用，也不要压缩的太高，以免影响最终的印刷质量。一般在印刷品质要求不是很高的设计中（如报纸广告设计），人们喜欢使用 JPEG 文件格式，因为它占用的磁盘空间小，编辑和传送文件快捷方便。

3.5.4 EPS 文件格式

EPS（Encapsulated PostScript）是图形文件格式的一种。主要应用于软件之间传输 PostScript 语言图片。PostScript 语言已成为印刷行业的标准，并广泛得到应用程序、操作系统以及输出设备的支持。PostScript 可以保存数学概念上的矢量对象和光栅图像数据。把 PostScript 定义的对象和光栅图像存放在组合框或页面边界中，就成为 EPS 文件。

EPS 格式的稳定程度很高，大多数的图形、图表和页面排版软件都支持 EPS 格式，例如 Corel VENTURA、FreeHand、Illustrator 和 Adobe PageMaker 等。EPS 分为 Pixel-Based 和 Text-Based。Photoshop 所存的是 Pixel-Based，再加上较少的 Text-Based 语言，而图形及排版软件所存的是 Text-Based 语言。

第4章 印刷字体

　　字体是文字表现的外部形状。印刷字体（Printing Type Face）是供排版、印刷用的规范化的文字形态。在平面设计中，字体不仅仅起到说明的作用，而且文字的造型本身就极具视觉表达能力，不同字体代表不同的设计艺术风格。字体设计是平面设计中的一个重要内容，对整体设计的成功与否起着至关重要的作用。

　　在平面设计中对印刷字体的了解与应用主要指三个方面：一是字体的种类，如中文字体里的宋体、楷体、黑体，拉丁文里的古罗马体和现代罗马体等；二是字体的大小，即常说的"字号"和"点数"（英文Point，又叫"磅数"）；三是艺术字体的设计与制作，有时称之为"美术字"、"变体字"或"专用字"，即设计师根据需要设计出的常用字体和现有计算机字库中没有、具有个性化的专用于某一特定的对象或内容的字体。

4.1　印刷字体的种类

　　今天我们在平面设计中应用最多的字体为中文字体和英文字体。其他国家的文字字体和我国少数民族文字字体一般都有专门的出版编辑机构设计印刷。

4.1.1　中文字体

　　中文字属于象形文字，它在文字的结构、笔画和写法上与西文字体有着截然不同的区别，具有独特的艺术风格和造型特征。但在常规的印刷设计中，中文字体主要还是以以下几种常用字体为主。

（1）宋体

宋体又称老宋体，是书刊印刷中正文使用最多的一种字体，宋体最初是在楷书基础上演变而来的一种专用的刻版印刷字体，经过几百年不断的完善改进，成为了现代印刷的标准宋体。其特点是字形方正，横平竖直，横细竖粗，结构严谨、棱角分明、疏密布局合理，具有典雅工整、雍容大方的风格特征。在阅读时有一种醒目舒适的感觉，久读视觉不易疲劳。应用在平面设计上，既有传统文化特色，又不失其现代感。宋体通过其笔划粗细和形状上的变化，又分为粗宋、标宋、中宋、报宋、书宋、仿宋、细宋等。

（2）仿宋体

仿宋体又称直宋体，它是由古代的仿宋刻本发展起来的，是我国古代的印刷体。仿宋既具有宋体的结构，又具有楷书的笔法，其字体挺直细瘦，清秀挺拔、间架均匀，起落锋芒突出、笔画横直粗细、刚劲有力。但其阅读效果不如书宋，所以不是一般出版物的常用字体。一般用于排中、小号标题，或报刊中的短文正文以及诗歌、引文等。

（3）小标宋

小标宋笔画横细竖粗、刚劲有力，笔锋突出，是理想的大、小标题和封面用字的字体。

（4）报宋

报宋字形方正，笔画比书宋细，比仿宋粗。一般用于排报纸版心字，报宋印刷出来的笔道清晰，多笔画时不会模糊。也可作中、小标题字用。

（5）黑体

黑体也称为等线体、粗体和方体。其特点是字形端庄醒目、横平竖直、横竖等粗、结构紧密、笔划方头方尾、均匀稳重。黑体字形态丰满、雄厚，印刷中常用来作为标题文字、封面文字和正文中表示重点的按语，不宜排印正文。许多美术字是黑体的变体设计，如综艺体、新艺体等。印刷用黑体字又可分为大黑、粗黑、中黑、等线体几大类。

（6）琥珀体

琥珀体字型圆润丰满，憨态可掬，层次感强，富于变化，有亲和力。一般用于商品包装、装潢、宣传单、海报等品名和标题的用字。

（7）彩云体

彩云体是琥珀体的一种，它们的结构基本相似。彩云体字型活泼，珠圆玉润，布局错落有致，粗而不重，胖而不臃，一般用于标题和装饰用字。

（8）综艺体

综艺体具有黑体字醒目突出的特征，又丰富了笔画的变化，有灵秀之气。字型见方，结构饱满，富于独特的艺术效果，一般用于公司企业名称及商品名称、广告、海报和书刊的标题文字。

（9）海报体

海报体造型标新立异，轻松活泼，笔画粗细变化得体，有麦克笔的风格，是十分漂亮的商用美术字体，一般用于小幅招贴、告示、贺卡等印刷品的标题和小段的文本用字。

（10）POP 字体

POP 是在黑体字结构的基础上发展成的变形美术字体。转折的笔画具有 CI 设计中的标准字特征，当文字横向排列时，圆点笔画会形成活泼的跳跃感，具有自由轻松的艺术风格。

（11）特粗黑

特粗黑字形方正饱满，笔画粗重结实，视觉冲击力强，庄重醒目，适合远距离观看，一般用于标语、横幅和报刊杂志的大标题及书籍封面等。

（12）楷体

楷体也称手写体、真书和活体，是汉字传统书法中的正体。其特点是笔形规范、结构稳定、柔和匀称、美观流畅，具有明显的笔锋特征，其用笔方法与手写楷书基本一致。可用来印刷正文标题，也常用来印刷小学课本、少儿读物、通俗读物等。小的楷体字是书籍报刊中摘录部分的印刷专用字体。

(13) 圆线体

圆线体圆线体是从现代美术字体演变而来的印刷字体。其基本结构与黑体相同，只是笔画上圆头圆尾。其风格特征圆润活泼、朴实大方，字体连贯性强，特征明确。常用在正文、包装和广告设计上。圆线体分为粗圆、中圆和细圆几大类。

(14) 隶书

隶书起源于秦，盛行于汉代，故有秦隶、汉隶之分。由于它的撇、捺两个笔画向两边分开像"八"字，所以又叫八分书。隶书美观庄重、活泼舒展，字型扁平，笔画浑厚，古色古香，秀逸平和，具有很强的传统文化艺术特征。

报宋	大宋	细圆
彩蝶	仿宋	细中圆
彩云	楷体	小隶书
长美黑	萝卜体	行楷
长宋	舒同	中等线
长艺	扈岂体	中黑
超粗黑	清韵体	中隶
超粗宋	神工体	中圆
超粗圆	瘦金书	综艺
粗仿宋	书魏碑	琥珀琥珀
粗黑	书宋二	琥珀
粗宋	书宋一	橄榄
粗圆	魏碑	黛玉
大黑	细等线	中宋
大隶	细行楷	字典宋

图 4.1

(15) 魏碑

魏碑体是由北魏时期的碑刻字体演变而来的一种字体。字形类似楷体与行楷,其特征是字体结构严谨,笔意朴拙,笔画刚劲有力,锋芒毕露。一般用于书籍装帧、报刊杂志的书名标题及标语横幅等。

在中文字体中,我们一般将宋体、仿宋、黑体、楷体等划为基本字体类;而将照排字中的书宋体、报宋体、标宋体、宋三体、秀丽、小姚体(均为老宋体的变体)和等线、圆头体、大黑体(均为黑体的变体)等划为基本字体的变体;将照排字中的行楷、隶书、魏碑、琥珀、综艺、彩云等字体划为美术字体。图4.1以汉仪字库为例,介绍目前在印刷设计中常用的字体。

4.1.2 拉丁文字体

我们通常所说的拉丁字母即是指26个英文字母。英文文字与中文不同,是抽象文字,属于拉丁文字的一种,由26个字母组成。我国现行的汉语拼音方案也采用拉丁文字母作为汉语拼音字母,因此英文字体在平面设计中的应用极其广泛。

拉丁文字母分为大写字母和小写字母,大小写字母的配套使用源于印刷术的发明与发展,当时的文字抄写人员既是文字的抄写者,也是文字的设计者,他们在文本句子的开头,字母用大写字体为引导,文本中间的字母均用小写字体,这种文字书写方式一直沿用至今。

拉丁文字体从最初的古希腊、古罗马风格、到古埃及体、哥特体、到无饰线体,经过了长期的发展演变,字体的种类纷繁多样,仅规范成型的就有上万种之多。英文字体在计算机字库软件中也极为丰富,一般每种文字软件库里都有上千种英文字体。但从字体的结构形式来区分,常用的英文字体主要为以下三大类:

(1) 有衬线字体

字母中一切非正式笔画的线条叫衬线(或装饰线),由于它是在字母主要笔画的顶端和字脚处,因此称之为有衬线字体,也称之为有饰线体。

有衬线字体的笔画粗细对比强烈,整体感觉精致、字体典雅、优美、具有古典韵味和有历史感。这类字体与中文字的宋体字形相似。阅读时较省力，在印刷排版设计中常用于正文和中小标题。

有衬线字体类的重要代表是罗马体，罗马体分为古罗马体和现代罗马体，它们都是由法国人创造的。古罗马字体又称文艺复兴字体，产生于15世纪的欧洲文艺复兴时期，是世界公认的最美的罗马字体。其中最为优秀的字体是由法国人创造的加拉蒙体（GARAMOND），它精致典雅，高贵大方，既可用于标题文字，也能用于文本文字，是迄今为止应用最为广泛的字体。现代罗马体产生于18世纪，这种字体的优秀代表是由意大利人创造的波多尼体（BODONI），罗马字体是古典主义风格的典范。现代罗马体的"I"，上下两条横短线就是装饰线。我们常说的外文字母中的白正体、白斜体、黑斜体这一类字体都属于有衬线字体。

（2）无衬线字体

无衬线字体也称为无饰线体，是近现代发展起来的一种新型字体，其特征是没有装饰线，简洁明快、端正大方，具有现代感。这一大类的重要代表就是歌德体，它与中文字的黑体相类似。

早期的古希腊文字是没有衬线的，古罗马人在希腊文字上增加了衬线并一直沿用到19世纪。在19世纪时无衬线字体再一次被使用。在今天应用最为广泛的无衬线字体Helvetica是由瑞典人创造的。

无饰线体在远距离便于辨认，多用于标语、报刊的大标题、海报及指示性的文字。根据标准歌德体，无饰线体也可变化出许多不同的变体，如字体的大小、长扁、竖斜、粗细、方圆等。无饰线体在现代商品包装、广告上的运用尤其常见。常用英文字体类型（见图4.2）

（3）手书体

手书体近似于手写的字体，也称花体，是由各种适宜手书写的华丽字体发展而来的。其基本特征是笔划具有连贯性、修饰性，线条优美流畅，富有个性和灵活性。其种类涉及到传统与现代、纤细到粗犷，形式多样。

手书体经常被应用在高档化妆品、服饰等商品的商标或包装上。西方古典小说和诗歌的书籍装帧设计中也经常采用这种字体，给人以优雅、文静和高

	字体名称	字 体 样 式
有衬线字体	Times New Roman CE	ABCDEFGHIJKLMNOPQRSTUVWXYZ
	Times New Roman TU	ABCDEFGHIJKLMNOPQRSTUVWXYZ
	Symbol	ΑΒΧΔΕΦΓΗΙϑΚΛΜΝΟΠΘΡΣΤΥςΩΞΨΖ
	PMingLIu	ABCDEFGHIJKLMNOPQRSTUVWXYZ
无衬线字体	Arial CE	ABCDEFGHIJKLMNOPQRSTUVWXYZ
	Comic Sans MS	ABCDEFGHIJKLMNOPQRSTUVWXYZ
	Trebuchet MS	ABCDEFGHIJKLMNOPQRSTUVWXYZ
	Arial Greek	ABCDEFGHIJKLMNOPQRSTUVWXYZ
装饰字体	Windings	
	Windings 2	
	Windings 3	
	Webdings	Α Β Χ Δ Ε Φ Γ Η Ι ϑ Κ Λ Μ Ν Ο Π Κ Ρ Σ Τ Υ ς Ω Ξ Ψ Ζ

图 4.2

贵的美感（见图 4.3）。但由于这类字体装饰性过强，阅读时较费力，因此不宜在长篇的书刊或内文排版时使用。

　　拉丁文中除了以上三种主要字体外，还有装饰字体。装饰字体的使用贯穿于整个字体发展的历史。各种字体通过增加图案、细节，都可以成为装饰字体，其装饰图案以花草、植物和几何形为主。

4.1.3 专用字体

　　专用字体也称专用体。是设计师或书法家为某一企业、单位、团体、品牌和产品特地设计或书写的字体。在现代设计中它属于 CI 设计的一个最主要

图 4.3

图 4.4

最基本的视觉元素, 称为标准字体设计。专用字体其实在我们传统的设计印刷中早已广泛地应用, 如出版、发行、企业单位及产品名称用特写字体或名人字体作为标志, 用于报刊刊头、广告、包装等印刷。除书法家书写的专用字体外, 我们有时也将设计师通过对标准字体的结构、形态等视觉特征进行艺术处理的字体称为美术字。

许多知名品牌通过专用字体作为他们企业或产品的标志, 如SONY、Coca Cola、长虹、康佳、步步高等等。运用专用字体作为企业或品牌的标志, 比使用图形更容易被人们所理解和记忆。专用字体既可以是英文, 也可以是中文, 也可以是拼音, 有时是中文与英文、拼音的组合, 有时还会是既非英文又非拼音的字母组合等等 (见图4.4)。

计算机平面设计软件为专用字体的设计提供了非常方便的条件, 无论是图形设计软件还是图像设计软件, 都可进行专用字体设计。但最方便最规范的专用字体设计, 还是以图形设计软件最好, 如 CorelDRAW、FreeHand 等,其强大的图形设计制作功能在专用字体设计上会让设计师得心应手，游刃有余。

4.2　印刷字体的大小规格

印刷文字的大小尺寸标准是平面设计师在印刷排版设计中必须明确的一个视觉空间概念，同时也是印刷行业共同约定的一个文字大小的尺寸标准。

4.2.1　传统印刷活字的大小规格

我国活字印刷的活字大小采用号数制为主，点数制为辅的规格单位，国际上通用点数制。号数制是以互不成倍数的三种活字为标准，加倍或减半自成体系，可分为四个系列。

(1) 四号序列：一号、四号、小六号。

(2) 五号序列：初号、二号、五号、七号。

(3) 小五号序列：小初号、小二号、小五号、八号。

(4) 六号序列：三号、六号。

其中四号序列一号字大小是四号字的两倍，而四号字是小六号字的两倍，其他序列大小关系也是如此。为适应各种印刷的需要，又增加了小七号、小四号、小二号等种类。

目前许多从电脑平面设计入手涉足印刷的学生，更习惯于使用点数为单位来标示文字的大小。点数制又叫磅数制，是英文 Point 的音译，缩写为 "P"，是通过计量单位 "点" 为专用尺度来计算字的大小。它既不是公制也不是英制，是印刷中专用单位，我国大都使用英美点数制。1985 年 6 月，文化部出版事业管理局提出了活字及字模规格化的决定，规定每一点（1P）等于 0.35146mm。误差不得超过 0.005mm。外文活字大小都以点来计算，每点大小约等于 1/72inch，即 0.35146mm。一般书籍、样本、画报中正文的文字，以五号字为主。图 4.5 为我国现用活字正方字身及文字号数与点数对照表。

字　　号	点数（Point）	字身大小／mm	倍数关系
特大号	63	22.05	五号字的六倍
特中号	56	19.60	四号字的四倍
特初号	48	16.80	小四号字的四倍
特号	45	15.75	小五号字的五倍
小特号	42	14.70	五号字的四倍
初号	36	12.60	小五号字的四倍
小初号	30	10.50	七号字的五倍
大号	28	9.80	四号字的二倍
小大号	24	8.40	小四号字的二倍
二号	21	7.35	五号字的二倍
小二号	18	6.30	小五号字的二倍
三号	15.57	5.5125	六号字的二倍
四号	14	4.90	
小四号	12	4.20	七号字的二倍
五号	10.5	3.675	
小五号	9	3.15	
六号	7.875	2.75625	
七号	6	2.10	

图4.5　我国现用活字正方字身及文字号数与点数对照表

4.2.2　照排文字的大小规格

照排文字的大小以mm计算，计算单位为"级"，用"J"表示（旧用"K"来表示）。1级（J）=0.25mm，1mm等于4级。一般文字以正方形为基本形态。一般照排机（照相排字机）能排出7~62级大小的字。计算机照排系统（Computerized Photoyesetting System）有点数制也有号数制。

照排文字的大小用级来计量，如遇用号数标注的文字时，必须将号数转换成级数，才能正确掌握文字的大小。

4.2.3 计算机排版文字的大小规格

传统的活字虽然已被计算机录入代替，但活字对字体大小的定义仍被沿袭应用到计算机排版对字体大小的定义上。因此在计算机排版系统中，文字大小的规格基本上和活字相同，采用号数制和点数制。通常在平面设计软件上的字体大小都用点数（Point）为单位，而在办公应用软件中文字的大小多以字号为单位标示。有些电脑文字处理软件既有字号单位，也有点数单位。

4.2.4 计算机文字软件的选择

电脑设计软件中有专门用于平面设计的字库软件，我们通常称之为电脑字库。苹果电脑（Mac）上常用的矢量字库是 True Type 格式和 PostScript 格式，PC 机上常用的矢量字库是 True Type 格式。平面设计中使用的各种字库，英文字体都比中文字体多，一般都有一千多种，中文字体相对来说要少一些，一般有一百多种，但对于平面印刷设计的常规字体应用来说，已经足足有余了。今天我们常用的字库有汉仪、方正、华文、文鼎、文新等。各种常用的中英文字体在每种字库都有，但其字体的风格有一定的区别，特别是一些变体字和新创的字体，不同的字库都有其独特的风格特征。

设计师对电脑字库的选择应从两个方面来考虑：一是该字库的通用性，特别是要考虑到将要出片的输出中心是否有相同的字库，如果没有相同的字库，在输出时需要进行字体的转换，将会增加很大的工作量，并且容易出错；二是设计师个人的喜好，电脑字库中的许多字体在实际设计中很少用上。由于字库的字体所占用的磁盘空间很大，设计师在安装字库时可以有选择的安装。

第 5 章　印刷排版设计

印刷排版设计是按照一定的视觉表达内容的需要和审美的规律，结合各种平面设计的具体特点，运用各种视觉要素和构成要素，将各种文字图形及其他视觉形象加以组合编排、进行表现的一种视觉传达设计方法。

印刷排版设计是使各种承担信息传达任务的文字图形艺术地组织起来，使版面变成一幅既有严谨的条理性、逻辑性，又有张有弛、且刚且柔、充满流动性和生命力的画面。

5.1　版面设计与视觉流向

作为视觉传达设计，排版设计必须做到作品所要传达的信息在逻辑上的一致性、条理性。而这些条理性和逻辑性都是设计师充分利用人们在长期的阅读中形成的视觉流向规律来得以实现的。任何信息，如果它们是以群组的方式呈现，其内部总是有主次等内在关系的，并且这种关系常常在逻辑结构上千变万化。编排设计师必须熟知并灵活运用视觉传达艺术语言，掌握受众在接受信息时的视觉流向的规律，对设计内容进行合理的组织编排，使设计对象在内容上的主次、轻重关系在视觉感受上保持一致性和条理性，并具有感染力、冲击力、次序感和节奏感。

5.1.1　视觉流程

人们在认识解读静态平面载体上各种不同的视觉要素时，设计师根据需要对各种要素的编排而呈现出先后主次的顺序关系，就是所谓的视觉流程。人们由于长期养成的习惯和经验，在看一个版面时，习惯的视觉流程是从左到右，再从上到下，最后视线集中在版面几何中心偏上的位置。但人的视线的流

 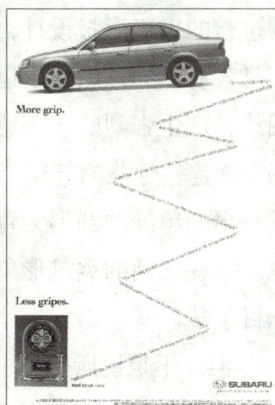 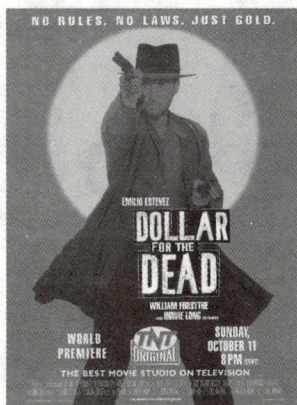

图5.1 图5.2 图5.3

动，也受到版面中各个视觉要素的影响，如通过版面视觉重量的安排可以改变版面的视觉中心（重心），从而改变人们的视线停留点。设计师通过精心的构图编排，完全可以左右人们的视线，如水平线诱使人们的视线左右移动；垂直线使人们的视线上下移动；相交的线诱使人们的视线移向线的交叉点，而成锐角的线比成钝角的线更具吸引力；箭头形、拖尾线有明确的方向性，对视线有直接的指引作用；弧线则诱使人们的视线顺其流动、延伸。色彩也是控制和引导读者视觉流程的一个重要表现手段，优秀的平面设计师在排版设计中往往能运用各种表现形式，准确引导人们的视觉流程，即先看什么，再看什么，最后视线应停在何处。图5.2就是设计师巧妙地运用广告文案组成"Z"字形连续曲线来引导读者的视觉流程，从而将广告内容有机地联系在一起。

5.1.2 视觉中心

心理学家发现，在一定的尺度空间里，不同的部分有着不同的视觉吸引力和功能，如在左上方1/3的位置，最受人们视线的注意，常常成为观察阅读画面的起点，所以设计师也往往把画面最重要的信息放在此处，称它为视觉中心。在这空间的右下部，常常给人以稳定、停滞的感觉，所以设计师常常将各种次要的信息置于其间，如企业名称、创作年月等。在编排设计中，利用视觉进行中心原理进行构图排版设计，可以引导读者根据设计师设定的逻辑和主次关系来清晰明了地接受所传达的信息。图5.1和图5.3都是运用视觉中心原

图 5.4

图 5.5

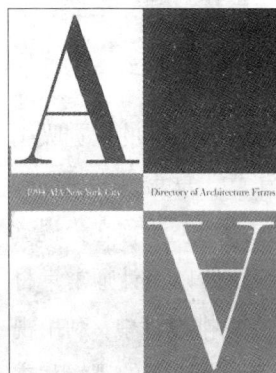

图 5.6

理进行的电影海报设计，但它们在具体的表现手法上又各有不同。图5.1运用由连续渐变组成的放射圆线，产生强烈的纵深感和波动感，渲染了一种神秘、深邃、惊险的气氛。而图5.3则以象征着太阳或日出的单纯的圆形为背景，烘托出一种豪放、伟岸、一往无前的英雄形象，使画面所要表现的主题一目了然。

但并不是说所有的中心构图都要把版面中心放在视觉中心的位置。相反，许多优秀的设计师突破成规，巧妙地将版面中心偏离视觉中心，这是一种很具个性和创意的排版形式。如图5.4和图5.5，设计师将广告内容的主体都放置在画面的右下角，但他们通过采用大面积空白对比、版面方向走向和色彩的纯度与明度对比等手法进行强调，不仅将读者的视觉自然地引向了主体位置，而且版面更显生动，富有创意。

5.1.3 视觉方向

视觉方向决定着设计视觉元素展开延伸的趋向，规定着它们的空间次序。在版面中的各种元素，如字行、字母、图片等都存在着一定的方向感。包括水平、垂直、倾斜三种方向。水平方向与人的视线左右运动的方向一致，水平的排版会使人感到舒展、开阔。垂直方向与人的视线上下运动的方向一致，垂直方向使人感觉崇高、肃穆而威严。倾斜方向的排版则充满了动感，具有活力。

还有另外一种方向的排版形式，即会聚方向排版。当两条线逐渐向靠拢的方向移动时，我们称之为会聚。会聚的方向一般引向版面中较为重要的位置，从而起到集中读者注意力的作用。因此，版面设计中的视觉方向和动势是设计师要认识并加以运用的重要构成要素。

除此之外，设计师还经常结合具体的设计内容,利用独特的创意来引导受众的视觉方向。图5.4 就是利用画面中女模特的身体动式的重心走向和眼神的视觉方向，自然地将受读者的视觉引向了广告的主体内容。而图 5.5 设计师则运用丰富的想象力和幽默感，来表现广告主题。

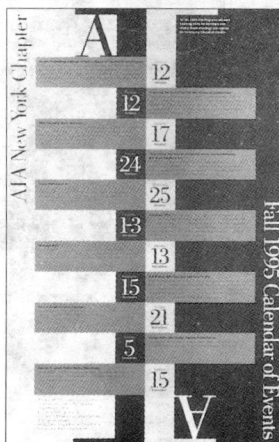

图 5.7

5.2   版面设计的形式原理

形式美的原理存在于艺术的各个门类，版面设计也不例外，好的版面设计必须遵循这些形式美原理，在视觉上，将美的情趣融会于设计中。这些形式美原理是既对立又统一地共存于一个版面之中的。

5.2.1 对称

对称是平面设计中最基本的设计构成，也是排版设计中最基本的一种构图形式。对称的形式特点是将文字和图形按照一根中轴线向左右（或上下）两个方向对称的展开。对称形式给人带来的视觉感受趋于安定端庄，相对于其他如分割形式、韵律形式、均衡形式等，更具有规范性和严谨性。

图 5.8

无论是在古典艺术或现代设计艺术中，还是在自然界里，对称形式法则都随处可见。在排版构图中，对称形式分为相对对称形式和完全对称形式两种。

图 5.9

图 5.10

图 5.11

（1）相对对称形式

　　相对对称形式是指版面要素主要以对称方式展开，但在对称框架里某些局部的图形或文字则以不对称的形式出现。即在整体版面布局上，只是图形和文字的面积、形状、位置的基本相称。这种相对对称的形式在设计实践中运用得很多。

（2）完全对称形式

　　完全对称形式是指在排版构图中文字与图形以相同的面积、形状、位置甚至颜色出现在中心线的两侧，以绝对对称的形式来创建版式构图的框架。这种完全对称的版面形式容易产生单调和呆板的感觉，因此在设计中应用的不多，而是由相对对称形式扮演着主要角色。等形不等量，或等量不等形甚至既不等形也不等量的基本对称形式更多地出现在设计作品中。

　　在具体的设计实践中，上述的四种对称形式并不是孤立或一成不变的，图5.6～5.9，都是世界各地优秀的设计师们利用各种不同类型的对称形式结合具体的设计内容，进行综合运用的成功的范例。

图 5.12

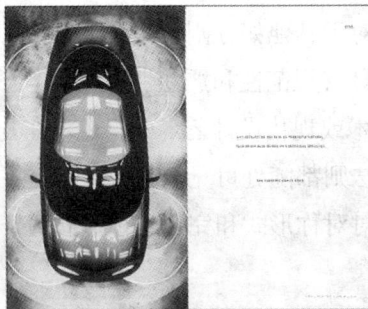

图 5.13

图 5.14

5.2.2 分割

分割是编排设计的基本课题，是一种随处可见的版面构图形式。通过版面空间的分割，可以使各种意义上功能上不同的信息有序地组合和分列。在版面设计中，分割基本上可分为横向分割、纵向分割、栅格分割和纵深分割四种。

(1) 横向分割形式

横向分割通常是指具有二维空间和平面的版面构图布局。平面上的分割其实是指版面面积大小比例划分。版心于开本的比例是分割，行距与字距的确立也是分割。分割也是将复杂零散的版面元素组织成统一协调的整体的过程。在二维的与平面的条件下组织排版构图是分割的主要特征。

(2) 纵向分割形式

纵向分割是对版面进行垂直方向的区域分割。在版面中，一行竖排的文字、一幅上下出血的图、一条垂直的装饰线，都有意无意地存在着对版面的纵向分割。

(3) 栅格分割形式

利用合理的栅格系统对版面进行横向和纵向的交叉式分割，使版面分割成网格状的区域，因此栅格分割也叫网格分割。

(4) 纵深分割形式

纵深分割形式是指组成版面的各种元素，在平面的基础上具有方向、深度和距离的形态。即使二维的平面具有三度空间的效果。这些层次的形成，决定于每一层次与空白版面的关系处理。

图 5.10～5.14，都是在设计中运用各种分割手法进行构图的优秀范例，其中又以纵向分割和倾斜分割在实际设计中应用得最多。有的设计师还会在作品中以一种方向的分割为主，同时用另一种方向分割为辅的方式进行穿插布局，使画面的变化更加丰富生动。如图 5.11 以斜卧的女人体做对角倾斜分割为主，但在画面中心位置则以横排文字做横向的辅助分割，在画面的中心形成交叉点，很好地起到了突出主题和画面平衡的作用。图 5.12 则以对称的纵向分割为主，但在右画面通过人物的动态造型再进行一次横向的分割，同样起到了丰富和平衡画面构图的作用。

5.2.3　韵律与节奏

韵律与节奏是音乐中的术语。节奏是按照一定的条理、秩序、重复连续的排列，形成一种富于动感的形式；韵律是富于变化的情感起伏的节奏。韵律与节奏所形成的特殊形式美感，在现代编排设计中，越来越受到设计师们的重视。

图5.15和5.16，巧妙地运用设计内容中的各种造型元素进行条理、秩序和重复连续的排列组合，使画面产生强烈的韵律与节奏的形式美感，使静止的画面充满了音乐般流畅的活力。而图5.17则运用人体造型的优美曲线和优雅含蓄的动态来表达平面视觉语言中的韵律与节奏之美。

5.2.4　比例

比例是形的整体与部分以及部分与部分之间数量的一种比率。开本、版心、图片与字组的合理安排与选择，要由比例来决定。整体版面的布局与构图，就是设计师根据视觉比例关系的基本审美原理进行的面积比例划分。一直以来，人们公认最美的比例是黄金比是1∶1.618。黄金比能求得最大限度的和谐，使版面被分割的不同部分产生相互的联系。

德国标准比例朴素大方。它以正方形的对角线为长边，正方形的一边为短边，求得的长方形标准比例是1∶1.414。

另外还有一些常用的美的比例，如1与1、3与4之比使人感觉稳重、可靠，1与2之比秀丽、高雅，还有2与3、5与9等比例。在平面设计中，画面

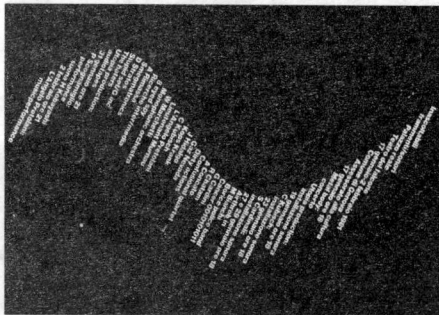

图5.15

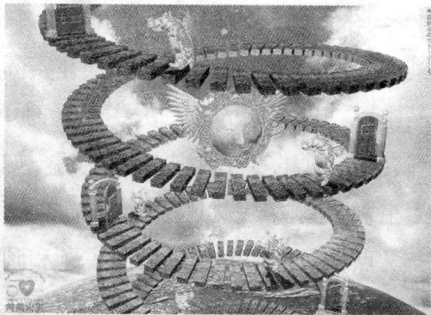

图5.16

的各种构图布局和对称分割方式，无不都是运用比
例分割的形式美法则来进行的。而对各种比例关系
及其形式的感受、鉴别和创造能力，则取决于设计
师长期的艺术素养和造型艺术能力的高低。

5.2.5 力场

任何成功的版面设计在视觉上都是具有吸引
力、流动性和富于生命力的。这就是说在该版面
中，设计师成功地将视觉力场应用到了他的设计作
品之中了。

在版面里，设计师通过利用点、线、面的分割
和限定使版面充满运动的、富于生命力的力场。由于
人类具有敏锐的感官和细微的感受力，可以感觉到
版面中的物体存在上下、左右的方向感，给人以不同
的感受。例如，版面中的沉稳、凝重，版面中的重心、
向内对抗、向外扩张等感觉。又如当将一个点放置在
水平中轴和垂直中轴或其他位置上时会给人稳定、
舒服的感觉。而当点被放置在偏离结构线的位置上

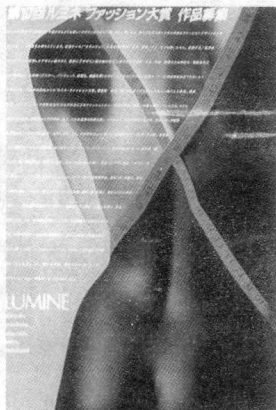

图 5.17

图 5.18

图 5.20

图 5.21

图 5.19

图 5.22

图 5.23

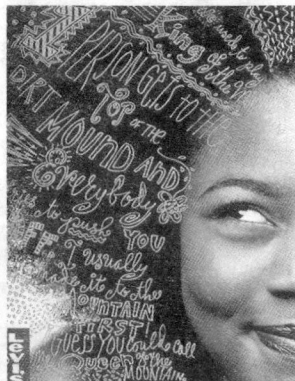

图 5.24

时，就会使人产生与心理对抗的不舒服的感觉。能很好地利用力场的特殊性，才能设计出各式各样新颖的版面构图。从图 5.18～5.27，我们都能感受到设计师运用了各种视觉艺术语言的表现形式，使平面静止的画面充满了激情、活力与张力，画面的内容或向外扩展，或向纵深延伸，最大限度地发挥了平面设计艺术语言的表现能力。

5.2.6 空白

在中国传统的书法绘画中就有"计白当黑"的说法，它精辟地概括了平面造型艺术中视觉艺术语言的表现技巧和手法，阐述了平面设计中"空间"与"形体"相互依存的关系。在排版设计中，所谓的"黑"即指版面的图文内容，"白"即是指版面上的留空部分，它们是一个矛盾的两个方面，版面图文信息正是由于空白的衬托，才使得视觉得以集中，内容更加突出。

平面设计中留白的位置、形式、大小、比例等决定着整个版面的设计艺术风格和品味。好的留白设计不仅要重视版心周围空白的安排，还要讲究字行与图片之间的空白，甚至还要注意字行之间、字距之间的空白，最重要的是要注意它们之间组合后在版面中所形成的整体效果。

在版面构成中，巧妙的留白，尤如中国字画中的空白之美。设计师有时根据设计内容的需要和版面空间的情况，打破常规地使用大面积的留白进行版面构图处理，不仅可以使该设计在众多的平面载体中脱颖而出，而且还可以更好地突出自身所表现的主题内容（见图 5.28）。

5.2.7 对比

对比是造型艺术的基本表现手法之一，在排版设计中，对比版式与均衡版式相比更具有强烈的吸引力和视觉冲击力。对比的因素存在于相同或相异的性质之间。它的对比要素基本上可以总结为：大小对比、明暗对比、黑白对比、强弱对比、粗细对比、疏密对比、高低对比、远近对比、软硬对比、直曲对比、浓淡对比、动静对比、锐钝对比以及轻重对比等，概括起来，主要是指面积、形状、质感、色彩、方向等方面的对比。

图5.30、图5.31就是最大限度地运用了黑与白、动与静的对比手法，使画面产生了强烈的视觉冲击力。图5.29运用广告内容中成年人粗犷有力的大手与儿童稚嫩的小手所形成的对比，来形象地表达广告主题内容。

5.2.8 均衡

均衡是将版面中文字图形按照其形态的大小、多少，色调的明暗、轻重等关系在平面上均衡地进

图5.25

图5.26

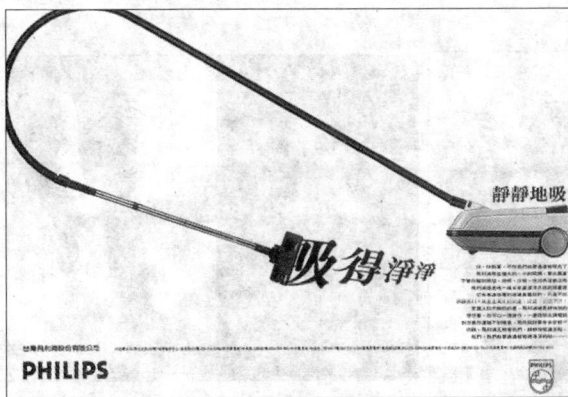

图5.28

图5.27

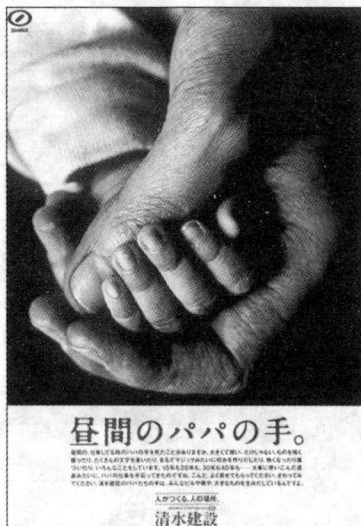

图 5.29

行布局。均衡是一种有变化的平衡，与对称排版所不同的是均衡的变化更丰富，排版的效果会比对称性排版更活泼。

均衡充分利用等量不等形的特点来调节版面的矛盾的统一性，以达到一种静中有动或动中有静的秩序美和动态美。均衡的排版形式是富于变化和有趣味性的，整个版式灵巧、生动、活泼、明快而又极其统一。一幅好的均衡排版设计，是布局、中心、对比等多种形式全面设计应用组合的结果，这是对设计师艺术修养和艺术感受能力的检验，也是最基本的要求。

在排版设计中，常用的均衡构图主要有大小均衡、位置均衡、色彩均衡三种（见图 5.32~5.34）

5.3 版面的构成

在版面设计中有众多的构成要素，包括文字、图形、空白以及点、线、面等。版面设计就是设计师将这些基本要素根据主题的需要按视觉艺术语言的表现形式进行组合，达到理想中的版面效果。

图 5.30

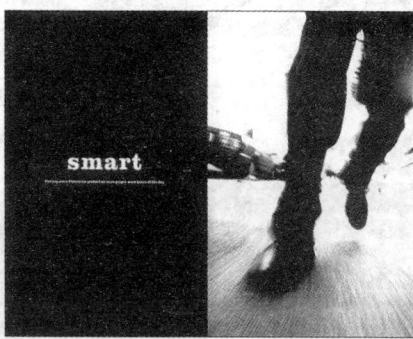

图 5.31

5.3.1　骨架与网格

版面的骨架分割是现代平面设计中使用最普遍的一种编排方式，它运用几何方式对版面进行区域划分，然后对文字和图形进行编排。它的基本原理是将画面，特别是将具有重复性与组合性的画面运用骨架分为不同的功能区域，使文字与图形的编排关系次序化、条理化和规范化。因此可以说版面构图的组合过程实际上是设计师根据设计需要，运用视觉传达的艺术语言，对全部设计元素进行骨架与网格划分的过程。它不仅要确立版面的骨架、基本型，还要改变骨架与基本型从而达到形成版面构图的目的。如图 5.35，版面中虽然图片较多，排放的位置和尺寸大小也比较灵活，但版面的骨架网格仍然非常清晰，整个版面给人的感觉既有变化又很理性，版式非常大气、舒畅。

图 5.32

(1) 骨架与网格的关系

一个版面的骨架，可以理解为一个能变化的网格，基本型可以理解为版面中的点、线、面。骨架的改变包括骨架形状的改变、骨架方向的改变、骨架总体面积的改变以及骨架基本单位面积的改变。而基本型的组合关系包括基本型的形状以及基本型在骨架中的位置。

网格也是平面设计构成中的一种骨架，它的运用使视觉上产生空间的力场和装饰作用。网格还可以分为可见的和不可见的两种。如在版面设计中运用网格清晰、有条理的特点作为版面编排的程序，而并不一定要把网格明显地表现出来，这样会收到意想不到的效果。这种排版方式能使版

图 5.33

图 5.34

面更丰富、活泼。网格的不同处理方式会给版面构图带来不同的力场。

网格是平面构成中骨架这一概念在版面中的延伸。设计网格首先要在版面上确定版心的尺寸，以及确定栏目的宽窄、空白的大小、横栏与竖栏的数目和尺寸。一本书、一种报纸的网格系统一般是统一的，在一本期刊中的网格有时不限于一种，但也是近似网格。设计师在这种统一标准尺寸的网格中，纳入文字与图片，纳入的方式可严格遵循网格进行，也可在统一中求变化，即在以网格为依据的基础上，进行程度不同的破格设计。如图5.36，版面的基本网格为双栏，但设计师运用了大块的深色和中性色进行了破栏处理，再加以小图片灵活地点缀在版面中间，整个版面显得比较活泼多变。

（2）骨架的发展与应用

运用骨架进行各种平面设计具有悠久的历史，西方古代设计家对黄金分割进行研究，并将其运用到书籍开本和版心的分割上。早期现代主义设计师们则将骨架运用到招贴广告和书籍的设计上。

运用骨架进行各种平面设计，特别是书籍装帧设计、杂志、样本设计、报纸排版设计等是在20世纪20年代前后由瑞士现代主义的设计家们研究发展而成。几十年来在各国，特别是拉丁语系的国家中，骨架法被广泛地加以运用，并得到不断的发展和完善，成为现代国际上普遍使用的一种版面构成方式。尤其是近30年来，越来越多的平面设计家开始熟练地使用网格这种技巧与方式

图5.35

图 5.36

了。

(3) 骨架的设计与运用

骨架设计的第一步是根据设计内容和风格的要求设计或选择骨架。运用骨架结构进行版面设计，主要有如下几种方式：

A.网格方式。完全按网格形式进行版面设计虽富有理性、秩序和使用上的方便，但容易造成版面呆板和千篇一律。因此这种方式一般较多应用在比较严肃、庄重或纯学术性的出版物设计上。

B.以网格为主，稍加变化的方式。根据主题与设计的需要，将网格方式与自由方式作不同程度的结合，集活泼与条理于一体，这种方式是现在排版设计中使用最多的，适应面也最为广泛。图 5.37～5.39，都是属于采用该种方法进行排版设计的作品。

C.在网格的基础上进行较大自由变化的方式。此种设计风格在遵循一定的骨架规矩的基础上更多强调设计师的创造个性与自由，是现代平面广告设计中运用得最多的一种设计方式,卡通和儿童读物一般也采用此种骨架风格进行排版设计。

D.自由方式。是指运用非规则的方法对版面要素进行编排的方式，它完全依赖设计师对视觉形象的直觉判断。纯粹的自由方式虽然十分活泼，但处理不当也会使版面杂乱无章。一般在单页的平面设计中运用较多，如广告宣传单和招贴等，而在书刊、杂志和报纸的排版设计中较少使用。

随着计算机在平面设计领域的广泛运用，现在所有平面设计中的排版软

图 5.37

件都提供了大量优秀的排版模式版块供设计师选择或参考,为平面设计师的设
计提供了较大的便利。

5.3.2　骨架设计的基本要素

　　版面中的基本要素互相组合、协调,达到对比统一的完美境界,才能体
现出高超的设计水准和达到优良的视觉效果。一个好的版面,总是多个设计要
素精心组合的结果。

图 5.38

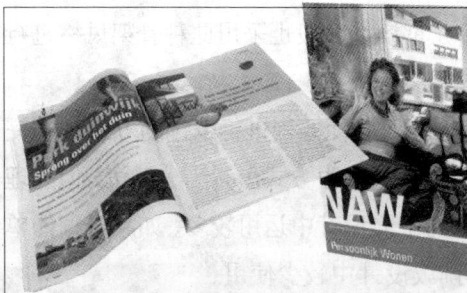

图 5.39

(1) 版面率与行数

　　版面率是指文字内容在版面
中所占的比率。版面中文字内容多
则版面率高,反之则低。一般的书
籍和报纸的版面率都很高,而一些
像精装书籍和杂志,为了追求视觉
上的美感和豪华,版面上的文字内
容相对要少,版面率较低。

　　在设计实践中,设计师应该根
据设计的内容、成本、开本的大小、
设计的风格等诸多因素全面考虑,
从而确定设计稿的版面率。

　　文字的行数是衡量版面率的
一个主要基数,而行距的大小直接
决定版面率的高低。在排版设计

中，版面的高度有时是用行数来计算的，如对开报纸的高度约为新五号120行，四开报的高度约为六号字98行。图5.40是版面率较高的排版风格，版面内容比较多，设计师只能将有限的版面划为许多横栏和竖栏。虽然整个版面会给人拥挤的感觉，但版面骨架网格仍然清晰可见，条理分明。越是版面率高、内容繁多的排版设计，越要严格按照版面骨架网格来编排，否则整个版面会零乱不堪。而图5.41，则是版面率较底的设计作品，图片所占的比例和面积都非常大，版面给人感觉宽松轻快，这种设计风格在现代平面设计中应用得越来越多。

（2）栏数

版面上的通栏我们一般将其称之为竖栏，其功能主要为放置文字内容。竖栏是版面上骨格的主体，也是骨架各个部分展开的基础。一个版面分栏的数量，用栏数来表示。

竖栏的大小及变化，在拉丁语系的文字编排中有着具体的规定。字距和行距的关系以字体的磅数（Piont）而定。在一般情况下，每一栏的字母在50个上下。汉字由于其视觉上的特点，现在还没有权威性的文字行距和间距方面的标准。在实际的编排中，一般来讲行距要大于字距，而书籍中的行距大多数为正文字号的1/2或3/4。

竖栏可以是双栏或多栏，也可以是单栏。以横排报纸为例，版面纵向几等分，就叫几栏。栏的最小单位叫做基本栏。对开报一般为8栏，每栏每行13字；四开报分7栏，每栏每行11字。但有些报纸每版的栏数并不一定相同。

图 6.40

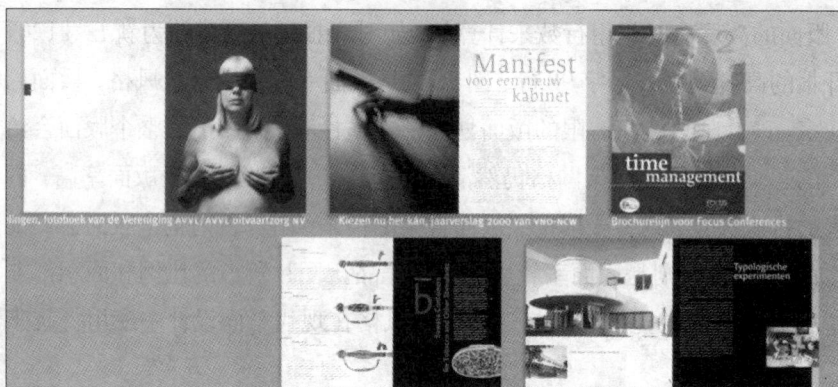

图 5 .41

在排版设计中，横栏的基本位置规定了编排关系中横向方面的主要关系。横栏的骨架排列，也可以分为多个分栏，每个分栏之间要有一定的间距，这种间距并且要和竖栏分栏之间的间距保持着一定的关系。

(3) 字数

一个版面的字数是根据内文标准用字的字号大小以及行数和栏数计算的，对开报的版面为 120 行 × 7 栏 × 11 字 = 7 546 字。这就是一个版面的基本容量。但事实上，一个版面中由小标题、图片、空白以及其他一些版面装饰符号占去大部分，而头版还要空出报头的位置，所以在安排版面时，实际安排文稿的字数一般只占一半或稍多一点。

在书籍编排设计中，一般小五号字的字行长度不超过 90mm。五号字的字行长度不超过110mm。一般大 32 开本图书的字行长度五号字约 25～29 字 / 行，约 100～108mm。16 开本图书的字行长度，五号字 38～40 字 / 行，约 146～150mm。所以 16 开的书籍杂志等，其字行的长度显然已经超过了视力范围。故除了个别书刊偶有用五号字单栏排式外，大多都采用双栏排式。

(4) 版心与周空

版心是印刷品版面上承载印刷内容的部分，也称版口，它划定出骨格边框和版面纸张边缘的关系，是版面最主要的构成要素之一，是版面内容的主体。"周空"是印刷品版面上版心四周的空白，也是构成报刊书籍设计中不可缺少的版面构成要素。

　　一般横排版式的版心位置，偏上靠左或居中，通常精装本和纪念性文集用较宽的白边，这样一来能增加书籍的贵重感和气派。从版面的和谐看，行距宽的也即疏排的版心，其白边要相应地宽一些，反之，密排的要窄一些。另外，厚本书籍要注意内白边因弧形造成的减弱作用，要相应地加宽，注意不使版心缩进订口的隆起处。

　　书刊类印刷品版面四周的白边有助于阅读，避免版面混乱，有利于稳定视线和翻页。周空的名称为上白边叫天头，下白边叫地脚，左右白边叫订口和切口。

　　周空的大小也直接影响到版面的版面率和整体的版面设计风格；周空过大，版面缩小、容字量少，既不经济，也显华而不实；周空过小，超过一定限度会使读者在阅读时感到局促拥挤，影响版面的美观，在印刷装订时容易发生事故。所以在排版设计中确定周空的大小十分重要。

(5) 破栏与并栏

　　骨格和栏的边缘框架主要是在排版设计中界定和规范图像文字的，一般而言，版面排文是以基本栏为准的，在实际的设计过程中，根据设计和版面的需要，也要进行破栏或并栏排文处理。所谓破栏，是指把几个基本栏打破，不按基本栏的整数而重新等分的变栏形式。

　　如将若干基本栏合并成一个新栏，叫做并栏。并栏排文时要注意：一是从读者阅读视野宽度看，一般并栏不宜超过三栏，否则会导致栏过宽而不便于阅读，二是从版面美化的角度看，栏过宽也不美观。

5.4　版面的设计与编排

　　从一定意义上来讲，编排设计既是一门具有相对独立性的设计艺术，也是一种重要的视觉表达语言。

　　任何一个平面空间的设计都涉及到一个将各种视觉要素有序地加以组合，并最大限度地发挥这些元素的表现力的问题。

　　通过恰当而有艺术感染力的编排设计，可以使设计作品更能吸引观众、打动观众，可以使作品上的内容更清晰更有条理地传达给读者。通过艺术性的处理，编排设计本身也会说话与表达。文字与图形的配置，已不是简单、平淡的组合关系，而是更具有积极的参与性与创意表现性，与图形达成最佳的配置关系来共同表现思想与情感。

排版时应该根据版面设计要求进行操作。以书刊为例，版面的编排设计要确定下列内容：开本的大小、横排还是竖排、正文文字字体和字号、每行的字数、字间距、栏数、每栏的行数、行的间距、栏的间距、段落间距、页码的位置及文字大小、标题的位置及文字大小、书眉的位置及文字大小等。

5.4.1 文字

字符即文字符号，它是报刊书籍的主要版面符号，文字在版面中除了表达其内容的主要功能外，字体和字号还具有示意的功能，字号可以显示文字的分量，字体可以显示文字的特性。在一个版面中，文字占有的比重，文字本身的变化以及文字的编排、组合都是极为重要的，在设计中，我们可以通过改变文字的形状、数量、面积和方向来产生不同的版面效果。

(1) 标题文字的运用与形象表现

标题是正文内容的纲目。标题设计的目的，是通过标题字号与字体的运用与排列，显示标题，彰明正文及内容结构、层次和体例的作用。

标题文字运用的基本法则如下：

A.标题文字的大小轻重有序规则。首先标题文字的字号要做到由大到小，最小不能小于正文字号。如：一级标题用三号字，二级标题用四号字，三级标题用五号字。另外，标题文字的字体要轻重相宜，即由重到轻，与不同的字号相配。其字体顺序一般按黑体、宋体、正楷、仿宋排列。

B.标题文字的字空规则。标题文字的字空要大于正文字号的字空。一般二字标题空2字；三字标题空1字；四字标题空1/2字；五字标题空1/4字；六字以上（含六字）标题不空格。同于正文字号的标题，可二字空1字；三字空1/2字；四字空1/4字；五字空1/8字；六字（含六字）不空，也可全部都不空。

C.标题文字的行长与占行规则。标题的行长，原则上不超过正文行长的

4/5，横排靠左的标题，原则上不超过行长的 3/5。各级标题的占行规则一般为：一级标题占 6～7 行；二级标题占 2～3 行；三级标题占 1～2 行；四级标题占 0～1 行；五级标题一般不占行。一级标题，一般另起一面起排，接排的标题一般居中。

连排标题是指两级标题中间无正文内容连接排列。两级标题的占行数，应从占行总数中减去一行，以免两级标题占行过于宽疏。

D.标题的位置规则。标题的位置规则有标题居中、标题靠左、标题靠右、转行格式、转行顶格、转行齐头、转行齐肩等。转行的基本原则是，转行不拆词、不害意。

标题文字的形象表现可运用多种方法，如设计新的字体造型、选用书法家、艺术家富于个性的书写体、不同印刷、制版工艺手段产生不同形状的字体，如传统印刷字体，胶印字体，打字机、激光照排、电脑字体等。

（2）文字的数量、大小与面积

一般图书排印正文所使用的字体，应不小于五号字，字数较少的通俗读物和儿童读物，正文应尽可能用小四号字或大四号字。而报纸所使用的文字一般比书刊类印刷品小，通常以小五号和六号字为主。

小五号和五号仿宋一般用在说明、目录、图表等处。六号字一般不在图书中使用，只在注释、说明、图表、版权等处和少数工具书中使用。图 5.42 为常见出版物的正文用字。

在版面中，单个字母和文字面积大小的差异，称为跳跃率。跳跃率低的

名　称	正文字体	正文字号
图书	书宋	五号（10.5P）、小五号（9P）
工具书	书宋	小五号（9P）、六号（7.87P）
报纸	报宋	小五号（9P）、六号（7.87P）
公文	仿宋	三号（15.75P）、四号（14P）
期刊杂志	书宋、细圆	五号、小五号、六号

图 5.42

适用于高格调古典风格的版面，跳跃率高适用于活泼或现代感强的版面。文字面积的变化，还包括字行长短和字组大小的变化，它们都能给人带来不同的心理感受。文字在版面中和图版共同形成的感觉，与它们的布局位置有很大关系。重心偏上的有轻快感，重心偏下则显沉稳，重心在视觉中心的位置有庄重感，偏离视觉中心则生动活泼，字距、行距近就有紧凑感，字距、行距远则感觉疏朗清新。

（3）文字的编排方式

垂直与水平方向排列的文字稳重、平静，倾斜的文字动感强。通过不同文字方向的编排组合，可以产生十分丰富的变化。在编排中，常用的文字对齐方式主要有：齐头散尾 、左右段落法 、中轴对称法和齐头齐尾法等。在文字的艺术处理上，有提示法、文本绕图法和曲线排列法。提示法是指通过首字母放大、前缀指引符、字符加粗、加框、加下划线等方法，将所要突出的文字段、行、组、词、字表示出来，引起重视。文本绕图是将文本与图片在版面中更加有机地融合在一起。而曲线排列法是使用曲线排列的方式编排文字，使文字优美而有流动感，但这种排法不适用于大量的文字。

（4）文字排版中的规则和禁排

在文字排版中要注意一般的禁排规定。如每段开头要空两个字位，在行首不能排句号、逗号、顿号、分号、冒号、问号、感叹号，以及下引号、下括号、下书名号等标点符号，在行末则不能排上引号、上括号、上书名号以及中文的序码，如数字为分数，年份，化学分子式，数字前的正负号，温度标温符号，以及单音节的外文单词和其他一些情况，都不应该分开排在上下两行。

5.4.2　图片

现代版面设计发展的一个重要趋势就是版面上的图像越来越受到重视。因为图像与字符相比，它不仅本身就能传递一定的信息，而且在吸引受众注意、增强版面力度以及美化活泼版面方面具有更大的优势。

版面中的图形，广义上可理解为除文字外一切有形的部分。它们在版面中的构成，也可依照改变版面中图形（简称图版）的形状、数量、面积、位置、方向的原理进行。

（1）图版的种类与数量

版面设计中图形文件的种类一般以摄影图片为主，另外还有图表、插图、绘画、刊头、题花以及题饰等。

在印刷设计中，图片的数量多少是根据设计内容的需要而定的，但在版面中，图版数量多的感觉活泼，适用于普及的，热闹的或新闻性强的读物；反之，则适合于学术性强或是文学性格调较高的读物。

（2）图版的面积

在一幅版面中，图版面积与总面积之比越大越吸引人，尤其是那些大图与小图对比强烈的版面，显得开阔、大气，视觉冲击力强（见图5.43）。现在许多流行的高档杂志、画报、样本等设计，大多采用高质量、大幅面的图片作为画面的主体，显现出强烈的时尚和现代气息。而在版面中图片的面积比重越，则显现出古典和平稳的设计风格。

（3）图版的位置

插图在版面中的位置一般有下列几种形式：散布式、四角式、通栏式、越空式、出血式、版心式、题头尾花式、自由式、页码式等。值得注意的是，由于现在平面设计中大幅面甚至大跨页图片的频繁应用，传统排版设计中版心和周空的概念也随之起了很大的变化，对于满版的图片和底色而言，版心和周空已不再存在，它只能对文字起固定和约束作用。

图 5.43

5.4.3 线条

在排版设计中，主要是以文字和图片为主要对象，但在对这些文字和图片的格式安排上，往往有意无意地要借助线的作用来分隔美化版面。尤其是在报刊设计中，更是不可缺少的。作为版式设计辅助元素线，其作用很大，它可以将杂乱无章的版面变成有序的视觉轨迹，也可以使呆板无变化的版面活跃起来。在印刷排版设计中，常用的线条有如下几种样式：

线细的叫正线，粗的叫反线，更粗的叫无双线，一正线一反线称文武线，线呈波纹形的叫曲线，呈自由状的曲线叫自由线（见图5.44）。

名　称	线　　　　型
正　线	————————————
反　线	————————————
无双线	————————————
文武线	————————————
曲　线	～～～～～～～～～
虚　线	· · · · · · · · · · ·
自由线	～～～～～～～

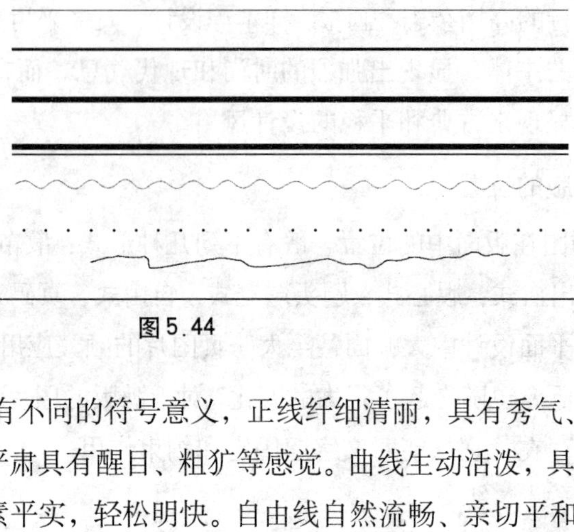

图 5.44

不同式样的线条具有不同的符号意义，正线纤细清丽，具有秀气、精致、敏锐等感觉。反线沉重严肃具有醒目、粗犷等感觉。曲线生动活泼，具有自由和幽雅的感觉。虚线朴素平实，轻松明快。自由线自然流畅、亲切平和。正因为不同的线条所附载的符号信息不一样，所以进行版面设计时就需要根据内容特点来运用。

线条在版面设计中可起到以下三种作用：

（1）强调作用

这种用线强调文字的表现手法很时尚，它被广泛应用在视觉传达设计上。用线强调文字，对线的性质、种类、粗细以及线的心理感受等应该有所了解，这样才能在实际设计中根据线的特点加以运用。

(2) 区分作用

线条具有和隔墙相同的作用。在有序和杂乱的版面中，用线进行分割或划分，可以使版面井然有序，主题突出。

(3) 美化作用

不同类型的线条本身具有形式美感，在排版设计中灵活地加以运用，把握其蕴含的符号意义，可以使整个版面更富于变化，达到最佳的传播效果。

5.4.4 色彩

对于彩色印刷来说，色彩在排版设计中的运用是非常重要和有效的。版面设计中色调的定位可以首先给读者对整个印刷品的风格和品味以明确的心理的暗示，可以加速读者对文字的理解，帮助读者领会文字内容中的复杂关系。在印刷排版设计中，色彩的表现力总是建立在色彩的面积、明度、色相的倾向与纯度的综合关系之上。这些色彩基本要素之间关系的每一变动，都可能使版面的设计产生根本的变化。在印刷版面设计与编排上，色彩的运用主要有如下作用：

(1) 表现气氛与情绪

虽然色彩不能像文字和图片那样直接的表达主题，但色彩可以通过直接或间接的心理联想，利用它独特的艺术语言来间接地表达或暗示主题，以使版面增加特定的气氛。如红色使人联想到太阳、火、血，可增添版面欢快热烈的气氛；蓝色使人联想到大海、天空、水，可以给人以开阔、宁静和理智的心理感受等。

民族传统是文化的一种渊源，民族的传统心理对色彩的认识和传达也是非常重要的。各个民族对色彩所表达的意义常常有着完全不同的认识和理解。如我们中华民族一般将红色视为吉祥、喜庆和富贵的颜色，而忌讳黑色和白色；在埃及和一些伊斯兰国家则喜欢绿色，而蓝色常被看成恶魔的象征；在巴西，人们对颜色具有十分强烈的偏好，他们对红色有好感，而认为紫色代表悲哀，黄色代表绝望，两种颜色配在一起会引起凶兆等。

此外，西方基督教的节日也用颜色表示：红色是情人节；茶色是感恩节；红和绿色象征圣诞节；黄和紫色象征复活节。

（2）突出主体

在排版设计中，经常会利用色彩的色相、纯度、明度和色块面积大小的对比，来强调和突出版面中的主体内容。如在版面中某一局部进行套色处理，这个局部就可以因与稿件上其他部分在色彩上的强烈对比而显得分外醒目。

（3）装饰版面

利用色块对版面进行装饰，是平面设计师最常用的手法。如版面的底色、渐变色（又称为串色）等，版面元素中的点、线、面也都是利用不同的色彩来表现，同时版面中的装饰色彩还可以对版面的构图布局产生调节均衡作用。根据设计内容和风格的需要，对版面色彩进行定位，可以使整个版面呈现出华丽、高贵、热烈、庄重、肃穆等审美感受。

可见，色彩不仅仅是一种美学符号，同时还是一种情感性的编辑符号。设计师可以通过利用色彩，来传递诸如热烈与沉重等多种情感意义，使受众在接受文章内容之前，就有一个准确的情感匹配，引起受众情感共鸣。

第 6 章 印前创意设计准备

在平面设计和印刷行业，人们习惯于将一个完整的印刷过程分为印前、印中和印后三个大的阶段。印前包括创意设计、印刷胶片输出和印前打样；印中是指正式上机印刷阶段；印后是指印刷品的后期加工，如裁切、覆膜、压型、装订等。有时人们也将它们简单地分为印前和印后两个阶段。但从设计师的工作角度来说，印刷品从最初的创意设计到最后印刷加工完毕，一个完整的印刷业务运作过程，有以下四个主要的阶段，即创意设计阶段、出片打样阶段、印刷阶段和印后加工阶段。

印前的创意和设计，是一件印刷品成功与否的最基本保证，对于平面设计师来说，这一阶段在整个印刷业务操作程序中所起作用是最关键和最重要的。

6.1 了解设计内容

了解和研究设计内容是做好设计的前提，正确地认识、把握内容与形式的关系是设计创作的最基本问题。设计的形式受到来自审美的、技术的和经济的要素影响，但最重要的影响要素是设计对象本身的内容。内容决定形式是设计发展历史的基本规律。全面、深入、细致地了解所要设计的对象和内容，是做好广告创意和设计的第一步。设计独到、定位准确的广告创意是坐在家里或资料室里空想不出来的。下面我们以样本广告设计为例，谈谈印前的创意设计准备。

样本设计在印刷类平面设计中最具有代表性，它在整个设计、输出、印刷和印后加工中也是工艺最复杂、技术要求最全面和品质要求最高的一个设计和印刷种类，也是设计师和广告设计公司接触最多的设计和印刷业务之一。设计师在开始样本设计之前，应该收集和了解以下相关内容：

6.1.1 了解客户或产品的市场定位

任何一个企业、单位、产品或服务，都会有自身的市场定位（Position）。如该企业对社会和市场提供何种价值利益，它的核心经营理念是什么，它的产品或服务有何特点，与同行业相比有何优势，它所服务的目标对象群是什么，企业的形象系统状况如何，应作何补充、改善或重新规划，企业决策层在形象战略上的认识与想法如何等。商业产品的定位主要包括了它的地域定位、类别定位、特点定位、用途定位、档次定位、使用时间定位和形象色彩定位等。

只有充分了解它们的定位后，设计师才能在设计中明确其创意和设计的定位。一个没有市场定位的企业和产品，迟早会被市场遗忘和淘汰。同样，一个没有明确设计定位的创意和设计，将很难引起人们的注意，只能成为过眼云烟。今天，许多新成立的企业和新开发的产品，都有较详细的市场调查、可行性分析报告和明确的市场定位。设计师首先可以通过这些文件中找到对样本策划设计非常有价值的信息资料。

设计的定位是建立在对设计对象定位的深入了解和分析的基础之上的，它不是指画面的构图、文字、形象的安排，而主要是指确定设计的表现重点，如确定设计的诉求点及表现形式等。

6.1.2 了解客户或产品的综合整体形象

样本被称为企业的名片。任何企业机构、文化机构、公益机构、政府机构、金融机构、教育机构、新闻机构、交通运输机构等组织都有一个特定的整体综合形象和文化理念。20世纪末导入我国的CI设计（Corporate Identity），已经越来越多地引起人们的重视并被许多大中型企业和机构所采用，并在树立自身的品牌和形象上发挥了极其重要的作用。同时，CI设计理念也对现代企业样本设计提供了完整详细的依据和规范标准。完整的CI系统包括"MI"、"BI"和"VI"三个层面。"理念识别"系统MI（Mind Identity）是形象设计的主导，也是经营决策的主导，是企业运作的基本思想，它是企业的经营哲学、价值观念和精神理念。"行为识别" BI（Behavior Identity）是企业对内对外的行为规范，它包括工作制度及市场规范、产品开发、公共关系、员工培训、干部教育、公益活动等。"企业识别" VI（Visual Identity）包括了产品形象、包装形象、广告形象、环境形象、展示形象、事务用品形象、服饰形象、车辆形象及指示符号类、看板、招牌、各种旗帜类等共同构成企业整体形象的同一性传播。

企业的样本设计虽然不是为客户做 CI 或 VI 设计，但一定要将企业的理念和综合形象明确地在样本设计中体现出来。如果企业没有完整的 CI 系统，设计师在设计中也要在企业已有的相关内容里自始至终强调和贯穿这一理念。

有的企业只有 VI 企业识别系统（如标志标识、标准字体、标准颜色等），设计师应该严格地按照其已经制定的视觉元素进行设计，以保证企业形象在视觉传达上的规范化与连续性。

6.1.3 了解客户的想法和意图

设计的定位问题应同客户方充分沟通，取得共识，这一点在设计过程中特别重要。由于印刷客户来自各行各业，他们所面对的消费或服务群体也各不相同，因此他们是最了解广告所要宣传的产品或服务的内容和品质，他们也最了解广告传播的最终目标对象，即产品所服务的消费者。所以说客户对自身企业的产品或服务是最了解、最有发言权的，并且在该行业或领域大多是专家。设计师在开始正式设计前，首先应该充分了解客户方对设计的想法、意图和要求，以及他们提供的有关信息，以便在设计中尽量满足他们对设计的要求。

6.2 收集整理设计素材

6.2.1 文案的收集与编辑整理

印刷类平面设计，特别像样本类广告设计，设计师首先面临的工作就是对文案的收集、整理和熟悉。样本设计中文案的原始资料由客户方提供。有的客户会将整理编写的较规范的文案交给设计师，为设计师的设计提供了很大的方便。但更多的时候设计师拿到的可能是一大堆没有头绪的文稿、图表和数据，遇到这样的情况，应该根据需要组织或聘请专业广告文案人员共同参与创意与设计。对于大的印刷设计项目，应该组成一个由文案写作、广告摄影及客户部、印刷部等相关专业人员组成的专门小组或项目部，与客户一起来共同合作完成设计材料的收集、整理和编写工作。

6.2.2　图片的收集、选择与拍摄

在印刷类平面广告设计中，图片的使用率很高。这是因为图像信息比文字信息在视觉传达上更具有直观、快捷、真实和强烈效果的特殊优势。广告图片的艺术水平和拍摄质量是其最后设计和印刷质量的重要保证。特别是那些以图片为主的大幅广告招贴、画册、挂历等印刷品，一定要客户提供专业级的图片或组织专业摄影师进行拍摄。

6.2.3　各类图表、图例与插图

各种图例、图表、插图和技术图纸等视觉艺术语言表现形式，可以更直观、明了、全面和形象地传递各种信息，因而在平面设计中被广泛采用。如机构设置、资源配置、市场占有率、生产和销售增长率、产品的技术参数、工艺原理以及操作规则等。有些技术性的图纸、图表和图例，由于专业性很强，设计师最好要求客户提供电脑文件的磁盘。对于一般的示意图、销售网络图以及地理位置图，设计师应该按客户要求在相应的设计软件中重新制作，或在扫描文件上进行认真的修补。图表类的图形文件，为保证其印刷的清晰度，最好不要直接使用扫描图。

6 .2.4　拟定设计提纲

设计师收集整理设计内容时，首先要在信息内容上准确、鲜明，同时注意视觉形式表现的个性。即表现什么和如何表现，前者重在信息内含特征，后者重在视觉形象特色。

设计是一个复杂的心理过程，它具体表现为对调查研究所得到的材料要经过去粗取精，去伪存真，由表及里的分析、综合、比较、抽象、概括、系统化、具体化和形象化的过程。

形象语言的把握在于恰当、清晰、独到与新颖。

设计提纲实际上是设计师在通过对全部设计内容和素材全面深入的分析和研究之后，运用平面设计的视觉传达语言，将在脑海中形成的一个有形的、具体的预想效果的文字化体现。

规范的样本设计提纲应该包括以下内容：整体创意和设计定位、主要内容与章节的确定、印刷品的开本、页码的确定、印刷材料和加工工艺的确定等。设计提纲或方案到得客户的认可后，方可进入正式的设计。

第7章 桌面出版系统与印前设计

计算机对传统印刷工艺的革命首先就是从印前开始的，它最早表现在文字排版由沿用了几百年的手工拣字排版改成激光照排，进一步又发展到图文排版一体化；彩色图像制版由沿用近百年的照相制版改成电子分色制版，再发展到近年来的彩色桌面出版系统，然后更先进的直接制版技术也开始普及推广。

桌面出版系统（DTP）有时也被称为计算机印前出版系统。它于1985年诞生于美国，最初只是用于非专业的内部出版印刷，随着硬件设备和软件技术的发展，DTP的处理范围不断扩大，20世纪80年代后期，出现了用于色彩制作的彩色桌面出版系统（Color DTP），90年代后，DTP的技术日趋成熟，不断向商业印刷领域渗透，今天，它已经成为了世界范围内印前图文处理的主要方式，是目前世界上最先进的印前图文信息处理方式，同时也是未来发展普及的方向。

桌面出版系统主要包括文本和图像输入技术、数字式扫描技术、数字图文处理技术、数字照相技术、数字式数据和图像的转换与存储技术、数字式色彩管理技术等（见图7.1）。

数字化印前技术的普及和应用彻底地改变了传统平面设计师在印刷设计过程中的方式和手段。印刷设计中的图文排版处理，现在都是在专业的排版软件中完成。这里我们以平面广告设计为例，按数字化印前设计的方法和程序来介绍其整个设计过程。

7.1　图片的输入

　　图片的输入是指将我们设计所需的图像文件（即位图文件，如照片和绘画作品等）输入到计算机中，转换成计算机平面设计软件所能接受的信息和文件格式，供设计师对这些图像文件进行处理的过程。

　　在平面设计中，印刷对图片的质量要求是最高的，同时图片的扫描质量也直接影响到后面制版和印刷质量，因此在印刷类平面设计中，图片的输入是极为重要的一个环节。

　　印刷设计所使用的图片由于来源不同，输入方式也不一样。印刷用图片主要来自三个方面：一是通过传统照相设备拍摄并冲印好了的照片、专业反转片或印刷复制品；二是通过数码照相机拍摄的数字式图片；三是通过平面设计图像光盘资料库所获得的图片。

　　我们通常所说的图像文件输入，主要是指将照片、反转片和印刷复制品通过扫描或电分，转换成数字化信息的过程。而数码照相机和图像光盘资料库

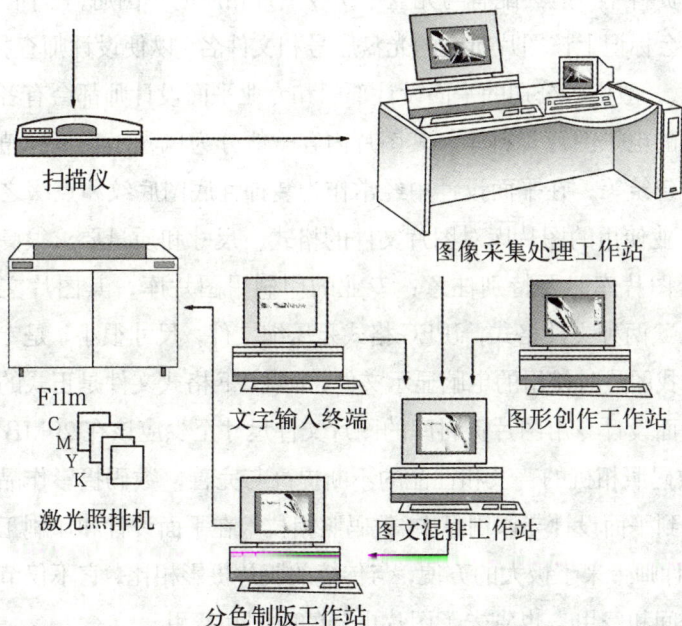

图7.1 彩色桌面系统工艺流程图

中的文件由于它们本身就是数字化文件,只需将它们连接至电脑存入指定的文件夹内即可。

7.1.1　原稿图片的品质要求

原稿图片是复制的基础。原稿种类较多,一般分为两大类,即透射稿和反射稿。透射稿主要有彩色反转片,彩色正片、黑白底片和各种负片。反射稿主要有彩色照片、各类画稿、印刷品和黑白照片等。

严格来讲,作为印刷用的原始图片,最好是专业级的反转片,这样的原始图片通过专业级扫描电分,其清晰度、影调颗粒细腻程度,色彩的纯度和饱和度等技术指标,都是一般普通照片所无可比拟的。即使在印刷中放大到数倍尺寸,其图像质量也不会受到影响。但在实际的印刷设计中,设计师往往接受到的图片均以普通的彩色照片居多,质量参差不齐,因此在图片的扫描和电分中,要尽量予以校正。

在平面设计中,设计师会使用到专门的平面设计电子图片资料库。正规的电子图片资料库一般会配有与光盘中所收图片相应的小图册,在小图册中每幅小图片下会标记上该图片所在的光盘序号和文件名,以便设计师查找,使用起来很方便。一般广告公司的平面设计部门和专业平面设计师都会有各种不同类型和版本的电子图片资料库。其图片内容一般分为风光、花草、植物、动物、人物、建筑等,在平面设计中经常作为装饰性底图底纹和点缀之用。

印刷专业使用的图片库对图片文件的格式、尺寸和质量要求很高,所以在选用光盘图片库时要特别注意:专业的印刷用图片库,其图片文件会有JPEG 和 TIFF 两种文件格式,JPEG 格式是压缩文件,尺寸很小,是专门为设计师快速查找图片时使用的电脑显示文件,而 TIFF 格式文件是正式的使用图片文件,平面设计专用图片资料库的图片文件尺寸至少应该在 20MB 以上。

随着数码照相机的普及和性能的不断提高与完善,数码摄影作品越来越多的被应用到平面设计与印刷品中。数码照相技术在平面设计和印刷工艺中的应用,给设计师带来了极大的方便,与传统的胶片摄影相比,它不仅节省了照片洗印的时间和费用,也省去了图片电分的时间和费用。

用于印刷的数码照相机由于对其图像的分辨率等技术指标要求极高,因此一般使用价格昂贵的高档数码照相机，但随着数码照相技术的快速发展，现在一些中档价位的数码照相机也能应用到印刷中来了。以索尼 DSC-F707 型的数码相机为例，它有 502 万有效像素，用最高质量拍摄的图片（Image Size 设置为 2560 × 1920 像素，P.Quality 设置为 Fine，REC Mode 设置为 Normal），拍摄出来的照片为 JPEG 格式，色彩模式为 RGB，将其转换为印刷用的 TIFF 格式，CMYK 的色彩模式，分辨率调整到 300 后，文档大小有 21.67 × 16.67 厘米，像素大小有 18.8MB，制作大度 16 开（18.2 × 22.8 厘米）以内的印刷品，其效果和质量都很好。如果使用的存储棒（Mamery Stick）是 128MB，可以拍摄 51 张照片，如果将 REC Mode 设置为 TIFF 格式，128MB 的存储棒也能连续拍摄 7 张图片。而像这种档次的数码照相机，品牌和型号很多，现在的市场价格已降到了万元以下。当然，如果条件许可，应该配备更专业的数码照相机。

7.1.2 输入方式的选择

对于需要扫描的图像文件，为了节省不必要的图片电分费用，一般在初稿设计阶段，都是先用普通的平板扫描仪对图片进行扫描，并将文件的尺寸缩小两到三倍后进行设计，以提高设计速度。在设计稿通过客户认可并同意出片时，再将最后确定选用的图片送到专业的输出中心，按照设计要求的实际尺寸进行电分，以保证最后印刷品的图片质量，同时也会节省不必要的图片电分费用。但重新电分也会给设计人员带来新的麻烦，即对那些有较多处理和组合的图片文件，又得重新再做一次，这不仅需要花费相当的时间和精力，并且有些特技效果还很难做得与原设计稿完全一样。因此，对于那些明确会要采用而且处理工作量较大的图片，可以提前到专业的输出中心去电分。

如果设计师的扫描设备性能很好，可以自己扫描某些较小的图片以及淡化后作为底纹使用的图片。

7.1.3 输入图片的技术参数设置

以印刷为最终目的的平面设计，对图片扫描的各项技术参数设置都有严格的规定和要求，这里以常见的四色胶印为例，图片的扫描格式为 TIFF，分辨率设置为300DPI，（其他种类印刷的参数设置见"分辨率"一章），文件的大小尽量与印刷所需的实际尺寸相同。

对于需要对色彩和明暗影调调整的图片，专业的输出中心会在扫描阶段进行校正和调整。设计师也可根据设计需要，对负责扫描的技术人员提出具体的技术要求。

7.2　图片的处理与制作

平面设计中对图像文件的编辑处理都是在图像设计软件Ａｄｏｂｅ Photoshop中完成。关于Photoshop的基本情况，在前面我们已经做了简单的介绍。在计算机平面设计教学中，Photoshop往往是学生们最喜欢也是觉得最容易上手的一个设计软件，许多同学在正式的课堂教学之前就对它很熟悉了，有的学生甚至对Photoshop中难度最大的功能如通道、蒙板、滤镜等都很熟悉。但如果按照专业的印刷设计和输出要求检查他们的设计作品，就会发现他们对许多很基本很简单的技术性要求还缺乏必要的了解和认识，其主要原因是缺乏设计实践和对印刷工艺的了解。

所有常用的平面设计软件都有专门的操作手册，手册中对各种软件的操作和使用都有详尽的介绍。对于一个刚刚接触电脑设计软件的学生而言，首先应该按操作手册认真地对该软件的各项工具、功能和使用方法作全面的了解，然后结合设计实践将这些功能结合起来运用，逐步熟悉和灵活掌握。

这里我们仅从印刷设计的角度，针对那些已经对平面设计软件有所了解的平面设计专业的学生在进行实际的印刷设计时容易忽视的一些问题，作一个介绍。至于平面设计软件的初学者，请参照专门的和相同版本序号的软件操作手册。

Adobe Photoshop在印刷设计中最常用的编辑处理内容和基本方法如下：

7.2.1　色彩调整

色彩的调整在印刷设计中占有非常重要的地位，高品质的图像印刷质量是衡量整体印刷水平的重要标准。而对这些图像文件的选择、输入、调整、修补、编辑处理等是设计师在具体的设计过程中首先要面临的专业水准考验。

色彩调整主要指的是对图像的亮度、色相、饱和度及对比度的调节。Adobe Photoshop的色彩调整功能非常强大，对图像文件色彩调整的方式也很多，完全可以满足平面设计中对图像文件的各种编辑处理需求。选择Photoshop "图像"菜单下的"调整"子菜单，Photoshop对图像色彩调整的主要功能都集中在这里（见图7.2），其中最常用的是"色阶"、"曲线"、"色彩平衡"、"亮度／对比度"、"色相／饱和度"、"替换颜色"等色彩调整和编辑功能。

（1）色阶

"色阶"命令用来调节图像的明暗度，色彩的范围和色彩平衡。其操作步骤是：

◆ 选择"图像"菜单中的"调整"／"色阶"命令，出现"色阶"调整对话框。在"通道"中选择要调整的色阶通道，可以对RGB或CMYK的单一通道分别进行调整。

◆ 在"输入色阶"输入框的下面是色阶曲线，可以通过曲线下的滑块、曲线上的文本框直接输入数值和通过"吸管工具"进行调节。

◆ 在"输出色阶"输入框中设定输出色阶，可以减少图像或选定区域的反差。

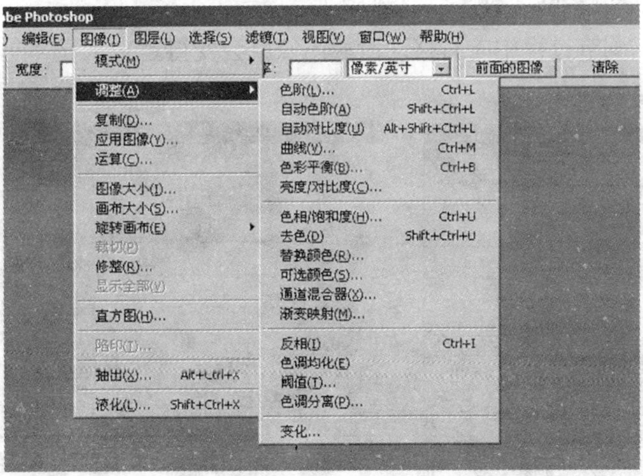

图7.2 Photoshop "图像"菜单下的"调整"子菜单选项

◆　可以通过"载入"按钮载入外部色阶。单击"存储"按钮可保存调整后的色阶，文件扩展名为"ALV"。

◆　单击"自动"按钮，系统会自动调整图像的色阶，与自动色阶命令相似。单击"选项"按钮，将弹出"自动颜色校正选项"对话框，从中可以设置使用"自动"调整图像色阶的选项。

(2) 曲线

"曲线"是另一种修改色阶的工具，它的调整工具是曲线。在"通道"下拉列表中可以选择不同的通道来进行（见图7.3）。

"曲线"对话框中是一条成46度角的斜线，可以通过对这条斜线的托动来调整图像的色阶，或选定调整区下的铅笔工具按钮在网格内画出一条曲线，这样就可以一次性完成,通过单击右边的平滑命令可以对画出的线条进行平滑处理。

(3) 色彩平衡

"色彩平衡"命令用来调节图像的色彩平衡，它可以给图像中的阴影区、中间区和亮度区添加新的过渡色，而且还可以将各种颜色混和（见图7.4）。

(4) 亮度／对比度

"亮度／对比度"用来调整图像的亮度和反差，即明暗对比度，是在图像处理中使用很频繁的一种工具（见图7.5）。

"亮度"调节过程中向右移动滑块图像就会变得越来越亮，向左移动则越

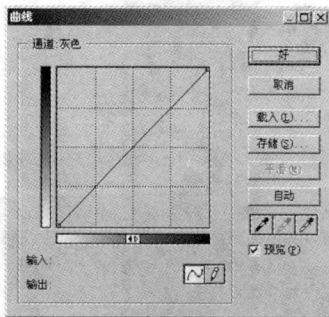

图7.3　"图像"／"调整"／"曲线"菜单中的"曲线"对话框

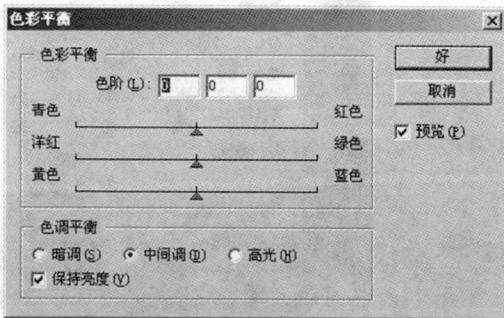

图7.4　"图像"／"调整"／"色彩平衡"菜单中的"色彩平衡"对话框

来越暗。取值范围是 $-100～+100$。

"对比度"调节过程中，向左移动滑块，图像对比度减弱,向右移动滑块，图像对比度增强。

应该注意的是，图像的亮度和对比度调节范围过大时，会造成图片的色彩失真，因此应该把握好调节的尺度。

(5) 色相 / 饱和度

当要改变图像的色相、饱和度或亮度值时，可以用"色相／饱和度"命令。如果要调整某一颜色的范围，可以从"编辑"下拉列表中选取各种颜色进行编辑调整（见图 7.6）。

7.2.2 图像的锐化与模糊

在图像编辑和处理中，对图像的锐化和模糊处理是经常用到的，锐化和模糊处理分为两种: 一种是局部锐化和模糊处理; 一种是整体锐化和模糊处理。

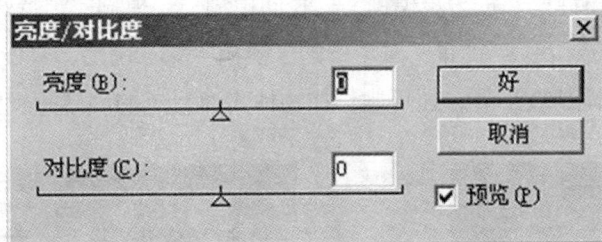

图 7.5 "图像" ／ "调整菜单中的""亮度／对比度"对话框

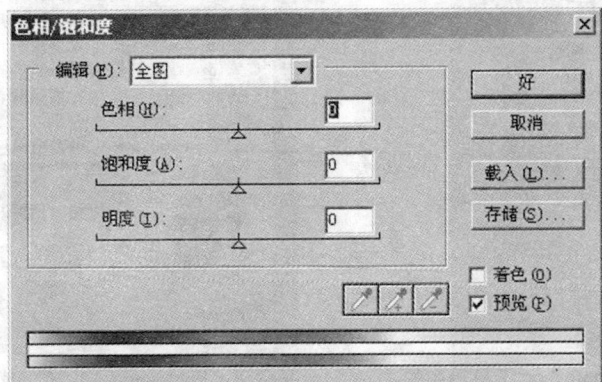

图 7.6 "图像" ／ "调整菜单中的"色相／饱和度"对话框

（1）小面积的锐化与模糊

局部锐化和模糊处理一般使用工具箱中的锐化和模糊处理工具（见图 7.7），其锐化与模糊的面积和程度由画笔工具的大小和压力调节滑杆来控制。模糊工具通过把凸出的颜色分解，使图像局部模糊。而锐化工具与模糊工具相反，它是通过增加颜色强度，使图像中柔和的边界或区域变得清晰。

小面积的局部锐化主要用于某些希望重点突出和强调的部位，模糊工具在图片的拼接和修补中经常使用，可以消除图片在拼接或修补后留下的痕迹，使经过拼接和修补后的图片显得自然，不留痕迹。在这一功能上它的效果与同在工具箱中的"涂抹工具"比较接近。

（2）大面积的锐化与模糊

整体的锐化和模糊处理使用在"滤镜"菜单中的"模糊"和"锐化"命令（见图 7.8），选取要处理的范围，然后进行锐化和模糊处理。其中锐化又分有"USM 锐化"、"进一步锐化"、"锐化"、"锐化边缘"等。模糊有"动感模糊"、"高斯模糊"、"进一步模糊"、"径向模糊"、"模糊"、"特殊模糊"等。

利用 Photoshop "滤镜"菜单中的"模糊"和"锐化"命令，除了能产生各种锐化和模糊效果外，还可制作如物体飞速行进的动感等视觉效果。

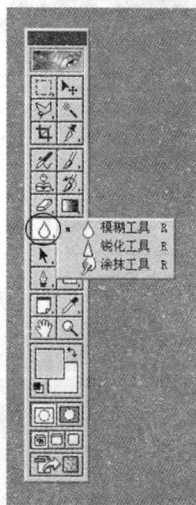

图 7.7　Photoshop 工具箱中的
"模糊"和"锐化"工具

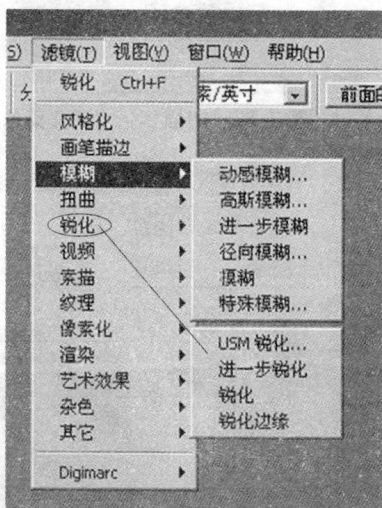

图 7.8　Photoshop "滤镜"菜单中的
"模糊"和"锐化"命令

7.2.3 图片的淡化与虚化

在印刷平面设计中，图片的淡化处理应用很普遍，通常用做底纹和装饰性图案。图片的淡化处理形式主要有两种。

(1) 整体淡化处理

Adobe Photoshop 对图像的淡化方式很多，对整个图像文件的淡化处理有两种方式。最常用的方式是在图层中直接调节该图片的透明度来完成，即将需要进行淡化处理的图片单独设为一个图层,然后运用透明度滑动按钮对该层的透明度进行调整（见图 7.9）。

◆ 如果"图层"浮动面板不在 Photoshop 桌面，打开 Photoshop 的"窗口"菜单中的"显示图层"命令，打开"图层"浮动面板。

◆ 将需要淡化的图片文件单独设立为一个独立的图层，并用鼠标点击选中该图层。

◆ 点击图层面板右上角"不透明度"小窗口右边的小三角形，会弹出一个调节百分比的滑杆，用鼠标右键按下滑杆上的小按钮左右滑动，即可在"不

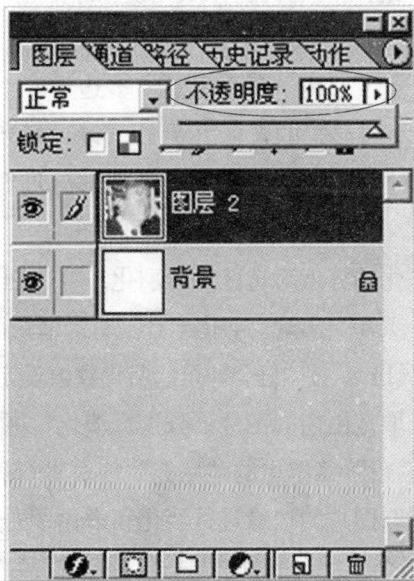

图 7.9　不透明度调整滑动按钮

透明度"小窗口中显示该图层文件的透明度百分比，级别从 1%～100%。一般 10%以下的网点在印刷中很难显现，所以至少应该在 15%以上才有效果。

使用图层淡化图片快捷方便，并可以随时恢复其不透明度。但背景底图不能做这种淡化处理，并且淡化后的图片会透现该图层底下图片的图像，产生叠影效果。如果设计中需要在背景底图上做不透明的淡化处理，一般使用白色填充处理。

◆ 打开"编辑"菜单中的"填充"命令菜单，出现"填充"对话框。

◆ 在对话框的"使用"栏中可选择"前景色"或"背景色"（一般淡化为白色，将前景色或背景色设置为白色即可），在"模式"窗中选"正常"，在不透明度窗口中输入所需淡化的百分比，按"好"即可。

(2) 局部淡化与虚化处理

在设计中有时只需要对图片做局部的淡化或虚化处理，如图片中间部分、图片的四周边缘或某一边，或虚化成不规则的外形等，使之与底层形成自然的淡化过度，具有柔和渐变的边缘，形成晕化效果。进行这样的处理，一般先用选取工具选取需要淡化与虚化的范围，使之成为编辑选区，然后对选区进行羽化，再对需要淡化或虚化的部位进行填充或删除处理。具体操作如下：

◆ Photoshop 的工具面板中提供了矩形选框工具、椭圆选框工具、单行选框工具、单列选框工具、套索工具、多边形套索工具、磁性套索工具等，用以创建各种不同形式的选区。另外，设计师还可根据需要使用路径工具和魔棒工具，对图片文件中需要处理的部分进行选取。工具面板选取工具（见图 7.10）。

◆ 根据需要虚化的程度对选区进行羽化。打开 Photoshop 的"选择"菜单中的"羽化"命令菜单，出现"羽化半径"对话框，在框口中输入 1%～50%的羽化数值（见图 7.11），按"好"即可。羽化数值设定越大，羽化程度越大。

◆ 如果要对选取范围内的图片部分进行淡化，可用图层"不透明度"调节滑杆，也可用"编辑"菜单中的"填充"命令进行填充淡化与边线虚化。

◆ 如果要对选取图片的边缘进行淡化和虚化，则先将选取进行反选，然后执行淡化和虚化命令。反选的方法是，打开"选择"菜单中的"反选"命令

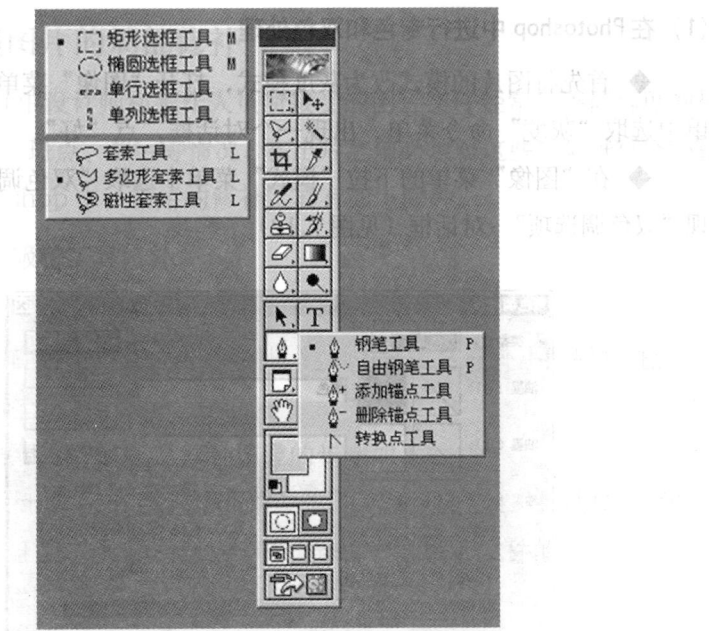

图 7.10 Photoshop 工具箱中的选取和路径工具

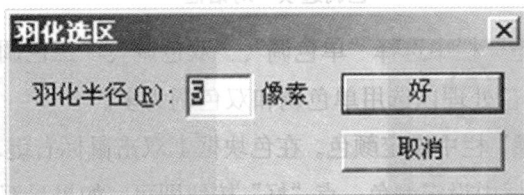

图 7.11 "选择" / "羽化" 菜单中的 "羽化半径" 对话框

菜单, 所有选区范围之外的部分都成为选区, 而原有的选区则被取消。反选快键为 Shift+Ctrl+I。

7.2.4 专色和双色处理

在印刷工艺中, 除了专门的单色和双色印刷外, 有时设计师根据设计需要, 在四色印刷中, 也会对某些图片进行专色和双色处理。图片的专色或双色处理可以在 Photoshop 中完成, 也可以在 PageMaker 中完成。

◆ "湿边"框设定画笔边缘的硬度，一般在图片的修补中，应该点选此框，使填补上的颜色与原图片周围颜色尽量自然融合，不露修补的痕迹。

◆ 画笔工具与吸管工具的快键切换方式是：按 Alt 键，画笔工具将变为吸管工具，用吸管工具拾取所需的修补颜色后，松开 Alt 键，恢复为画笔工具，进行修补。

（2）利用图章工具修补

如果需要修补的面积比较大，运用画笔工具就很难对其进行修复，这种情况下，一般使用图章工具，对较大面积的图片破损部位进行修补。

图章工具有二种，即"仿制图章工具"和"图案图章工具"（见图 7.13）。仿制图章工具可以复制图像的局部，它不仅可以在同一幅图像中进行复制，还可以将一幅图像中的某一部分复制到另一幅图像中。图案图章工具与仿制图章工具的区别在于图案图章工具的复制来源是图案。在较大面积的图片修补中，一般使用仿制图章工具。

使用仿制图章工具修补图片的步骤如下：

◆ 在 Photoshop 的工具箱中选取仿制图章工具（见图 7.13）。

◆ 在"画笔"框中选定画笔的大小及样式。在图像修补中，应该选择硬度低的画笔，使复制部分的图像与原图像能够自然柔和地融合。

◆ "模式"框中选择正常。

◆ "不透明度"框设置复制图像的不透明度，修补缺陷图片时，其不透明度一般应该在 90% 以上。

◆ "对齐的"默认情况下，此复选框被选中，表示在复制过程中，无论中间中断了多少次，但始终会绘制一幅图像。如果取消该选择，则每次停笔，都会重新找鼠标的起画点，被认为是另一次复制的开始。

◆ 将以选择使用仿制图章的光标放到图像中所要复制的部位。

◆ 按住 Alt 键时单击鼠标右键，选中复制起点。

◆ 松开 Alt 键，就可以在原图中或是另一幅图像中想要添加复制部分的地方拖动鼠标，直到完全显示复制部分。

使用仿制图章复制图像时，在鼠标起始点定义了一个要复制的图像后，也可以将此图像复制到多个图像文件中。如果在目标的图像窗口中定义了选区，则仅将定义好的图像复制到选区内。

(3) 使用"修复画笔工具"和"修补工具"

Photoshop 7.0版本新增加了专门的"修复画笔工具"和"修补工具"，可以快捷精确去除扫描图像中的划痕、斑点和褶皱，并同时保留原图像中的阴影、光照和纹理效果。

A.修复画笔工具。修复画笔工具的用法和Photoshop 7.0之前版本中的图章工具比较接近，操作方式也与图章工具基本相同。当来源为样本时，类似于仿制图章工具，当来源为图案时，类似于图案图章工具，但是修复画笔工具可以保持阴影、发光、图案效果及其他属性。

◆ 点击Photoshop 7.0中工具箱里的"修补画笔工具"（见图7.14），桌面上方将出现修补画笔工具选项栏（见图7.15），在"画笔"框中选择画笔样式和大小。在模式中选择"正常"模式。

图7.15 Photoshop 7.0修补画笔工具选项对话框

◆ "源"选项中的"样本"和"图案"指修复所用的图像来源，选择"样本"为从图像上取样，选择"图案"则以图案为图像来源。

◆ "对齐的"选框如果被选中，表示在复制过程中，无论中间中断了多少次，都是同一个取样点或绘制图案的起始点。如果取消选择，则每次停笔，都会重新找光标的起画点，被认为是另一次修复的开始。

◆ 按住 Alt 键后在图像中单击取样源位置，然后松开鼠标，并移动到需要修补的画面位置，按住鼠标来回修补即可。

◆ "修补"选项中的"源"是将其他位置的内容修补到选区中来，"目的"则是将选区内的内容修补到其他位置中去。

◆ "使用图案"是指对选区内的内容使用图案进行修补或填充。点选"图案"选项后，再点击图案框右边的小三角形按钮，系统将弹出各种图案样式，或通过图案样式框右边的小三角形按钮弹出下拉菜单，通过菜单命令来创建或载入图案。

B.Photoshop7.0中的修补工具。修补工具是通过建立选区，然后对选区进行更加精确的修补。选择"源"则将其他位置的内容修补到选区中去；选择"目的"则将选区内的内容修补到其他位置。具体操作步骤如下：

◆ 选择工具箱中的"修补工具"，在图像中选择要修补的选区。

◆ 在工具栏选项中选择"源"，将选区拖至合适的位置。松开鼠标即可。

7.2.6 图片的去底

将图片中不需要的部分去除掉使之成为空白，称之为"去底"。一般的去底主要是指将图片中主体物以外的背景去掉。使主题更加突出，或便于与其他图片进行组合拼贴。图片去底的质量好坏，直接影响整体设计的水准与质量。

理论上来讲，Photoshop的所有操作都是通过选区的创建，对所选区域内的图像进行处理，而不影响其他地区的内容。精确地选取好图片中需要去底的部分，是保证去底质量的第一步。针对不同图片的具体情况和去底的要求，

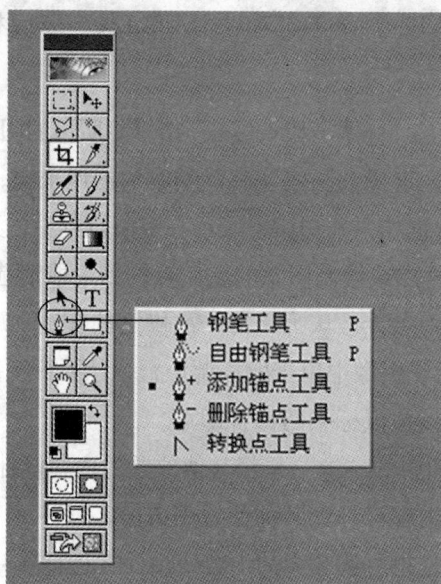

图 7.16　Photoshop 工具箱中的路径工具

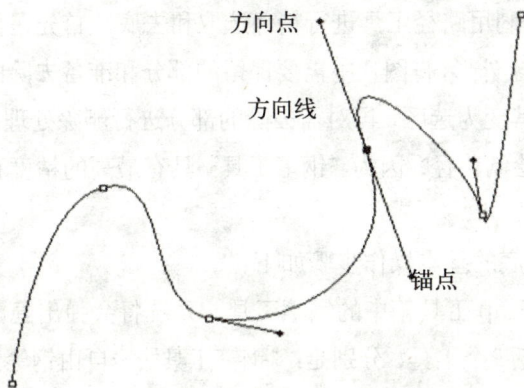

图 7.17 巴赛尔曲线

Photoshop 提供了多种选取方式和工具。如前面所提到的 Photoshop 工具箱中提供了矩形选框工具、椭圆选框工具、单行选框工具、单列选框工具、套索工具、多边形套索工具、磁性套索工具、魔棒工具等。但精确的图片去底，一般都使用 Photoshop 的路径工具进行。

（1）路径工具与选区

路径是用钢笔工具画出来的一系列点、直线和曲线的集合，作为一个矢量绘图工具，它除了用于绘图外，还可以作为创建选区的工具，和其他 Photoshop 提供的选取工具相比，路径具有无可比拟的优越性，它可以创建精确复杂的选区，并且在创建路径时可以对其进行反复的调整，路径选取工具（见图 7.16）。

路径是指由巴赛尔曲线段构成的线条或图形，可以是一个点、一条线段或者多个巴赛尔线段组成，在屏幕上表现为一些不可打印、不活动的矢量形状。路径的基础是"巴赛尔曲线"，任意形状的一段曲线都可以使用 4 个点来控制，在这 4 个点中，有 2 个点为曲线的端点控制点，称为"锚点"；而另外 2 个点则浮动在曲线的周围，称为"方向点"，"锚点"和"方向点"间通过"方向线"相连，由"锚点"、"方向点"和"方向线"构成的曲线即成为"巴赛尔曲线"（见图 7.17）。

(2) 使用路径工具

在Photoshop中利用路径工具进行精确选取和去底，首先是由路径工具描绘出需要选取的对象外形，将图片中需要保留的部分和准备去除的部分精确地区分开来，然后将其变为选区，再对需去除的部分进行删除处理。通常情况下都用"钢笔工具"绘制路径，因为"钢笔工具"具有最高的精度和最大的灵活性。

使用路径工具去底的基本操作步骤如下：

◆ 点按Photoshop工具箱中的钢笔工具，系统将会弹出隐藏在工具中的工具图标。其中包括5个工具，分别是："钢笔工具"、"自由钢笔工具"、"添加锚点工具"、"删除锚点工具"和"转折点工具"。

◆ 首先选用钢笔工具对图像中所需处理的外形进行描边，可以一边描边一边利用其他路径工具进行调整。也可以先用钢笔工具描出一个大致的外形，然后再回过头来利用其他路径工具（主要是"添加锚点工具"和"删除锚点工具"）进行细节的精确调整。

◆ 当确认路径线条准确无误后，在"路径"浮动面板的下边点击第三个"将路径作为选区载入"按钮（见图7.18），或点击"路径"浮动面板右上角的三角形小按钮，在弹出菜单中点击"建立选区"菜单命令，制作的路径即变

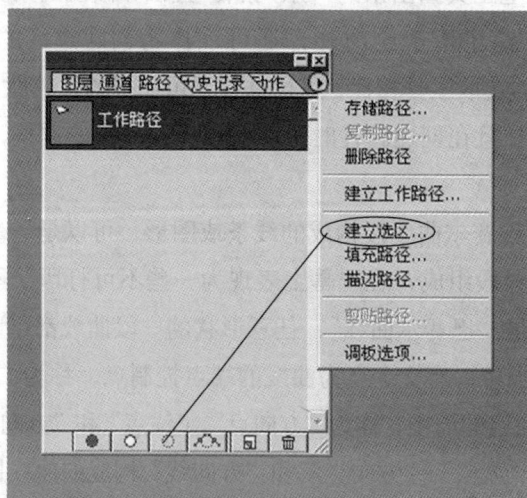

图7.18 Photoshop "路径"活动面板和弹出式菜单

为去底所需的准确选区。

◆ 如果是要对选区以外的图片部分进行去底，在去底之前需要进行反选，点击Photoshop"选择"菜单中的"反选"命令菜单，系统将执行反选命令。

◆ 确认要去除部分在选取范围内之后，按Delete键，被选取区域即被删除掉，并被背景色自动替代，去底工作即告完成。有些复杂的图片文件可能要这样反复几次，才能完成去底工作。

◆ 通过路径工具创建的选区，应该将其存储起来，以备再用。保存后的选区范围将成为一个蒙版显示在通道面板中，当需要重新使用时可以从通道面板中装载进来。点击"选择"菜单中的"存储选区"命令菜单，将出现"存储选区"对话框。

◆ 在对话框中的"文档"栏中选择存储选区的文件，默认方式是当前打开文件的文件名。

◆ 在"通道"栏中选择"新建"后，在"名称"文本栏中输入通道名称。如果不输入任何名称，系统默认按通道的顺序命名。如果选择一个已有的通道，则可在"操作"选项中选择操作方式，包括"替换通道"、"添加到通道"、"从通道中减去"和"与通道交叉"。

◆ 全部设定好之后按"好"按钮即可。

(3) 对选取范围的处理

图片经去底处理之后，其背景一般都是或填入设计好的背景颜色或图案，或与其他图片进行拼接组合。为了使去底后的图片与新设定的背景或其他图片自然地融合在一起不留痕迹，一般要对选取范围做相应的调整，选区的调整方法如下：

A.通过"选择"菜单中的下拉"修改"命令菜单进行修改调整。"修改"菜单中包含"扩边"、"平滑"、"扩展"、"收缩"4个选区调节功能。由于在前面利用路径进行的选取过程中，有些需要去除的部分仍会残留下来而没有被发现，当和新的背景或图片结合后，就会非常明显，因此在添加新背景或拼接新图像时，将选区进行收缩处理，即可避免这种情况的出现。具体操作步骤是：

◆ 打开"选择"菜单中的下拉"修改"命令菜单，系统出现"收缩选区"

对话框，该对话框要求收缩的范围在 1～100 之间。

◆ 根据需要输入收缩的数值，点"好"即可。一般正常的去底情况，设定收缩的数值为·1 就可。数值太大，会影响已去底图片外形的造型和准确性。

B.通过"选择"菜单中的下拉"羽化"命令菜单对选区边缘的柔和度进行调整。但一般正常的去底后的图像边缘都很生硬，如与新的背景结合后，会留下明显的人工拼接痕迹。为了避免这种现象的出现，可在拼接前对主体图片的选区边缘进行羽化处理，具体操作步骤是：

◆ 打开"选择"菜单中的下拉"羽化"命令菜单，系统出现"羽化选区"对话框，在"羽化半径"栏中输入数值，按"好"即可，"羽化选区"对话框（见图 7.11）。

◆ "羽化选区"对话框要求羽化的数值在 0.2～250 之间。羽化数值的大小视设计需要而定，一般正常效果的去底图片加背景色或与其他图片拼合，设定羽化的数值为 1～3 之间较为合适，其融合的边缘线比较自然。

在图片去底处理中，一般精度要求很高的图片均使用路径工具创建选取范围，但对于图片主体内容外形比较简单或背景内容的颜色、明暗变化不大的图片，可选用其他的选取方式进行选取，如套索工具、多边形套索工具、磁性套索工具、魔棒工具等。这些选取工具的选取速度比使用路径工具要快，操作更为方便。

7.2.7　图片的组合与重叠

在图像文件的处理和设计中，多幅图片的组合合成是应用最为频繁的，Photoshop 提供了多种图片的合成方法，如通过对一个或多个图像通道和层、通道和通道进行运算，来进行图像的合成，或通过"图像"菜单中的"应用图像"和"计算"命令来完成等。这里介绍两种最常用也是最简便的图像合成方法。

(1) 运用图层合成

Photoshop 的图层功能非常强大，图层可以将一个图像中的各个部分独立出来，然后可以对其中任何一个部分进行编辑、绘制、粘贴等处理，而不会影响到其他图层。利用图层进行两幅以上的图片组合，是最简便快捷的方法。

其操作步骤是：

◆ 根据设计中对文件尺寸、格式、模式、分辨率等方面的要求，创建一个 Photoshop 文件，并确立一个背景图层。

◆ 打开两幅或多幅准备合成的图片，并确立其中一幅主要图片为合成画面的参照基准。

◆ 将其他图片中需要合并的部分选取后用鼠标直接拖入主画面或通过拷贝后粘贴到主画面中来，系统将自动给新拷贝近来的图像设立一个新的图层。

◆ 对粘贴上来的新图层进行全面的调整，合成即告完成。如还有多幅图片需要合成，操作方式一样，每新加进的图层将会自动按顺序排列，设计师可以为新增加的图层取名，也可默认系统给新增图层的自动编号。

◆ 对于不断增加的图层，可以进行诸如合并、连接、删除、调整上下位置、调整各图层透明度等操作，这些图层的操作和管理主要将在图层浮动面板上进行。如果图层浮动面板不在桌面，点击 Photoshop "窗口"菜单中的"显示图层"命令菜单。系统将显示该操作面板（见图 7.19）。

(2) 运用图层与通道合成

运用图层与通道合成图片，可以产生更多的特殊合成效果，其操作步骤是：

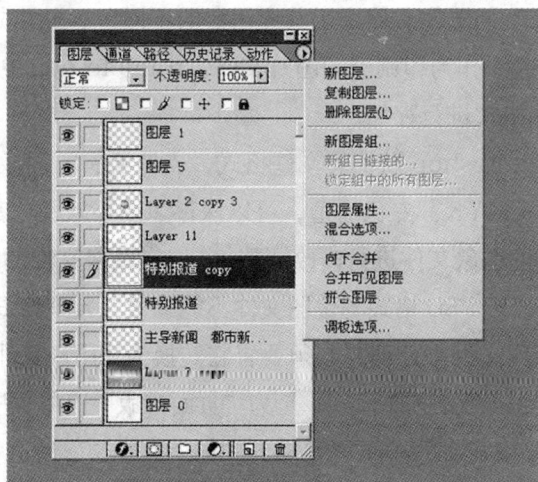

图 7.19   图层操作面板

◆ 根据设计中对文件尺寸、格式、模式、分辨率等方面的要求，创建一个Photoshop文件，并确立一个背景图层。

◆ 先将要粘贴的图片放入背景图层之上，然后将准备做底层的图片文件覆盖在粘贴图片之上，并将它完全覆盖。

◆ 在图层浮动控制面板上点击最上面的底层图片文件，然后在图层浮动控制面板下方点击第二个"添加蒙板"图标，在该图层上增加蒙板。

◆ 在Photoshop工具箱中点取喷笔工具，根据需要选择画笔的大小、模式和压力。

◆ 在工具箱的"前景色／背景色控制工具"上，将前景色设定为黑色。

◆ 用喷笔在添加蒙板的图层上喷绘，底下的图片将显现出来。其透明的程度可以通过喷笔的压力来控制。如果需要往后调整，可以将前景色改为白色，对合成的部分进行喷绘使之还原。

通过图层与蒙板配合使用进行的图片组合，其边缘线柔和，合成图像部分的透明度和外形可以任意调整。

7.2.8 图像文件的存储

当所有的图像文件按设计要求将它们进行编辑处理并存储起来，以备在后面的排版设计中进行图文混合编排。

Photoshop的图像文件由于其应用目的不同，存储格式很多，前面已经做了详细的介绍。作为印刷类的图片文件，在Photoshop中一般使用TIFF和PSD二种文件格式进行存储。

PSD是Photoshop默认的文件格式，支持所有的图像模式，例如位图、灰度、RGB、CMYK、专色通道，可以保存多图层以及剪裁路径等，可以随时对已经编辑的图象文件进行修改调整，一般在图像文件的编辑制作中，均使用该格式存储。但PSD格式的位图文件不能直接置入到像Pagemaker的排版软件中去进行图文混排处理，必须要将它转换为TIFF文件格式。

TIFF是标记图像文件格式，是为"页面排版"应用程序专门开发的文件格式。但TIFF格式将丢掉原PSD格式中的所有图层、通道和蒙版等信息。如果在排版中发现图像文件需要修改调整，那么在已经合层了的TIFF文件上会很困难，有时甚至无法进行。因此，一般印刷设计的图像文件要用PSD和TIFF两种文件格式分别进行存储。

　　将PSD格式文件另外再存储一个TIFF格式文件的方式是，当PSD文件在Photoshop桌面上为当前文件时，点击Photoshop"文件"菜单中的"存储为"命令菜单，将该文件另存一个TIFF格式的文件。这样同一个图像文件，既有一个PSD格式文件，同时又有一个TIFF格式文件。置入Pagemaker中进行排版时使用TIFF格式文件，如果需要修改，再回到Photoshop中对PSD文件进行修改调整，然后再将它存储为TIFF格式文件，在Pagemaker中进行重新链接即可。

　　设计师在将所有设计文件拷盘送到输出中心准备出片时，如果使用的移动存储器空间较大，应该将图像文件的两种格式文件一起拷入送到输出中心，以防在输出中发现图片文件需要修改调整时可以方便地在PSD格式文件上进行。

7.3　页面与版式的设定

　　图像的处理与设计只是平面设计中的一个部分，作为印刷类平面设计，最终的设计稿是在排版设计软件中完成（个别以图像文件为主，文字内容极少的单页印刷品除外），设计师必须在排版设计软件中将处理好的图像文件、图形文件和文本文件组合编排在一起，才能形成一个完整的设计文件，并通过排版软件进行打印或胶片输出。

　　各种常用的平面设计排版软件在前面已经做了大致的介绍，这里我们以平面设计排版软件中最常用的 Adobe PageMaker 为例，对它的主要功能和基本使用方法做一个详细介绍。

　　作为在全世界范围内最具有影响力和权威性的排版设计软件 Adobe PageMaker，以其强大的排版设计功能深受出版设计界的喜爱与推崇，也是高校设计艺术系的教学中平面设计专业学生的必学应用设计软件之一。但相对同样是 Adobe 公司的 Photoshop 软件而言，设计艺术专业的学生往往在刚开始接触 PageMaker 时会觉得它既枯燥乏味又简单浅显，很难深入学进去。对

PageMaker 的认识与了解，只有通过大量的印刷设计实践才能真正体会出其魅力和完美所在。

与前面介绍 Photoshop 一样，这里我们仅从印刷类平面设计使用的角度，按设计程序介绍 PageMaker 的主要功能和操作方法。

7.3.1 文档设定

平面设计文件的文档设定主要指页面形式、开本尺寸、页数、版心边界与装订形式等。

页面是平面设计和编排软件中最基本的概念，任何一件平面设计作品都是由不同数量的页面组成。各页面的排版格式相同（页面纸型、大小、内容排列的轮廓等）的页面，称之为一个版面。一本书就是由多个不同的版面构成的。在 PageMaker 中，一个文本文档就是一个版面。

无论是单页还是多页的平面印刷设计，首先是要确定其页面形式、尺寸、页数、装订形式与出血宽度，这一任务在 PageMaker 的"文档设定"对话窗中设定完成。

◆ 在 PageMaker 窗口中单击"文件"菜单中的"新建"命令（或按 Ctrl+N 组合键），屏幕上出现"文档设定"对话窗，里面的内容依次为页面尺寸、打印方式、单双面设置、页数设定、边界设定、文本方向、装订方式等（见图 7.20）。

◆ "文档设定"用来设置页面的大小，单击"页面尺寸"列表框右边的三角 形小按钮，在出现的下拉列表中，系统提供了 A3、A4、B5 等 20 种常用印刷标准开本尺寸，从中选择所需的页面大小。如果系统中没有设计所需的规格尺寸（如特殊尺寸或异型开本等），点选"页面尺寸"下拉列表中最下面的"自定义"，在"自定尺寸"文本框内输入所需页面的尺寸即可。

◆ 打印方式设定。这里所说的打印方式设定实际上是指设计页面的横竖形式，用来设定打印或印刷物的页面方向是直式还是横式。

◆ 单、双页面设定。在"选项"栏中，当选择框被选取时，"双面"显示状态下，"对页"处于可用状态。选择此项，页面为双面一组。取消该项，则为单页。

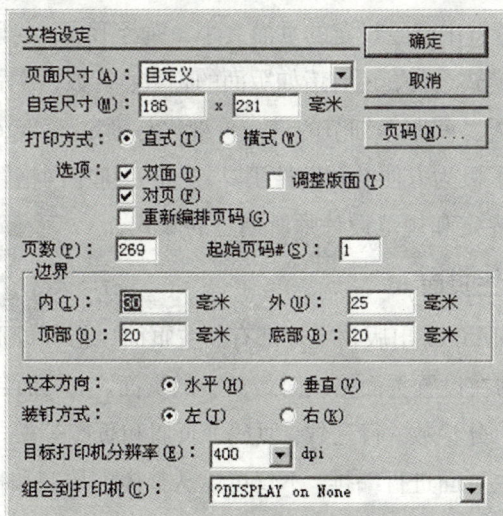

图 7.20 PageMaker 的"文档设定"对话窗

◆ 页数的设定式。"页数"用来设置版面的总页数，设置的范围为 1～999 页，即一个单独的 PageMaker 文件可以设置 999 个页面。

◆ 版面边界设定。即设定版面中"版心"与"周空"的尺寸。在"边界"框中，做为页面内图文内容的编排范围（俗称"版心"）。当文本超出该边界时，将自动后排。

◆ 文本方向设定。"文本方向"用来设置文本输入和排列的方向。"水平"为文本横排，"垂直"为文本竖排。PageMaker 中局部的文本横竖排变化在"编辑"菜单中通过"横排"和"竖排"命令菜单来完成。

◆ 装订方式设定。"装订方式"用来设置出版物的装订线。可根据设计需要将装订线设置在左边或右边。

◆ 设置好后按"确定"按钮即可进入页面进行图文输入和编排。

7.3.2 主页面与版式的确定

版式的确定是印刷编排设计中的第一步，特别是多页面的书刊类出版物，在图文输入之前，首先要确定基本的编排版式。

版式是出版物编排设计的灵魂，是出版物整体风格和品位的视觉体现，是设计师将所有设计内容进行组合搭配的基本框架。出版物的版式除了在前面所说的"文档设置"中已经设定的页面大小、横竖形式、装订方式、图文边界范围等最基本的模式之外，还有诸如版面的栏数、行数，各章节大小正副标题的尺寸、起始位置、间距等细节的进一步细化与确定。PageMaker 为设计师的版式设计提供了极为方便的辅助性工具，利用系统中网格管理器提供的各种辅助线来定义、界定和规范设计师所创意的版式。

(1) PageMaker 的主页面

每一个 PageMaker 出版物文件都有其主页面，俗称母页。它是书刊、报纸、杂志等出版物在设置页面格式时最基本的页面。主页面包括了版面的主要框架，如边空线、分栏数、行列数、页码、页眉和页脚等模式。在页面较多的出版物中，利用主页面进行编排，不仅可以从整体上控制和把握版式变化，起到规范整体版式和设定版面通用元素的作用，还可以大大提高编排速度和效率。

主页面图标位于 PageMaker 文件窗口边框左下角的最左端，如果设置的是双页面，左下角有两个小页面图标，一个为"L"，一个为"R"，如果设置的是单页面，则左下角只会显示出"L"（左主页）或"R"（右主页）中的一个（见图 7.21）。

图 7.21　主页面图标

主页面不是正式的设计文件页面，主页面中的所有图文信息不会被打印或输出为胶片，主页面的设置方法如下：

◆ 单击"窗口"菜单中的"显示主页面板"命令，弹出主页面板（见图 7.22）。

◆ 单击"主页面板"右上端的三角形小按钮，在弹出的下拉菜单中选择"新增主页"命令，弹出"新增主页"对话框（见图 7.23）。

◆ 在"名称"文本框中为新建的主页输入一个文件名称，并将新建的主页设置为"单页"或"双页"。在"页边空白"组合框输入页面板心与"内"、

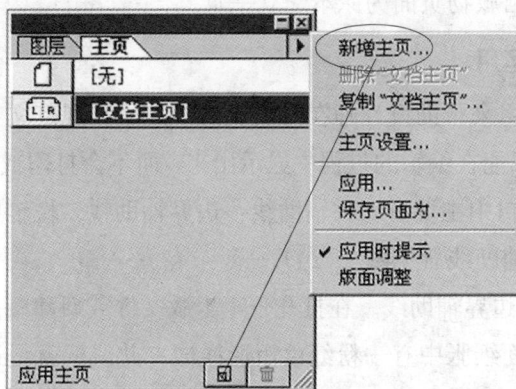

图 7.22　主页面活动面版

"外"、"上"和"下"页边周空的距离。在"栏辅助线"组合框下，分别设定版面的"栏数"和各栏"间距"的数值，并选择分栏是"水平"方向还是"垂直"方向。

◆　单击"确定"按钮，当前屏幕就会显示所设置的新主页格式，并且新建的主页名称也将显示在主页面板中。

除了以上方法，还可以通过单击主页面板下方的"建立新主页"按钮（见图 7.22）。打开"新增主页"对话框来建立主页。也可以将原有主页修改为新

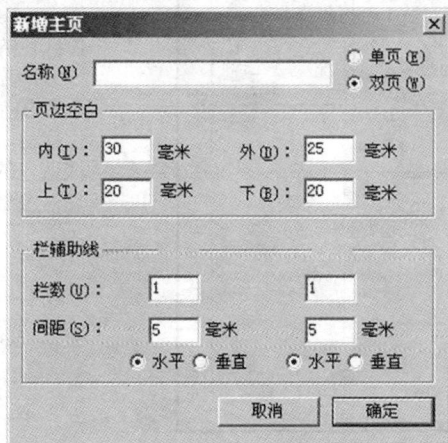

图 7.23　主页面活动面版

的主页，或以出版物页面为原本建立主页。

（2）辅助线的运用

辅助线是用来帮助设计师在排版设计中定位和规范文本块和图形的辅助工具。辅助线只能在编辑的过程中显示出来，而不会打印或输出在胶片上。在PageMaker窗口中主要有三种辅助线：边界辅助线、栏辅助线、标尺辅助线和网格管理器辅助线（见图7.24）。

A.版心与边界辅助线。在打开一个出版文件或新建版面时，我们可以看到所出现的版面纸张中有一粉红色矩形线框，此线框就是边界辅助线，亦称"页面辅助线"或"基线辅助线"。我们所输入的文本都被限制在此线框里，相当于文字的"边界"，出了此界，系统就会使文本自动换行，其作用是在排版设计中利用该线划定版心区域。

边界辅助线的大小设定即可在前面所讲的PageMaker的"文件"菜单下的"文档设定"对话框中完成，也可以在PageMaker"窗户"菜单下的"显示主页版面"对话框命令中来完成。

B.分栏与栏辅助线。栏辅助线是对版面中多个栏的划分线。利用栏分隔线，可以将版面设置成含有多个栏的新版面。在PageMaker中，可以水平分

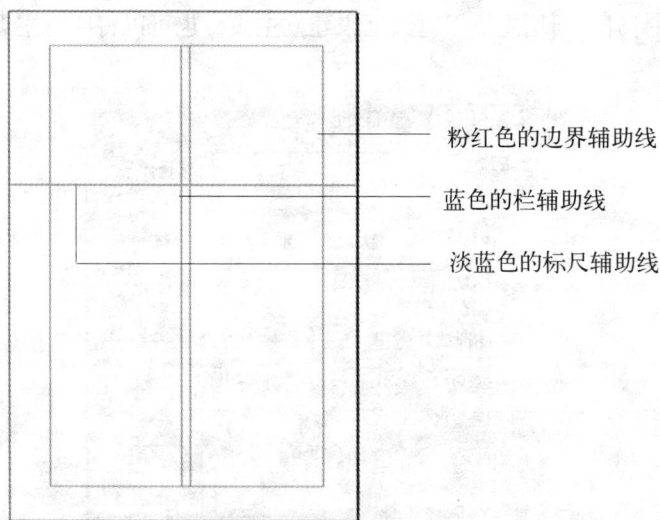

粉红色的边界辅助线

蓝色的栏辅助线

淡蓝色的标尺辅助线

图7.24　几种不同类型的辅助线

栏和垂直分栏。另外，还可以根据需要来改变栏宽及大小。

栏辅助线的设置也有两种方法：

第一种方法是在"栏辅助线"对话框中设定。

◆ 单击"版面"菜单中的"栏辅助线"命令，打开"栏辅助线对话框"
（见图 7.25）。

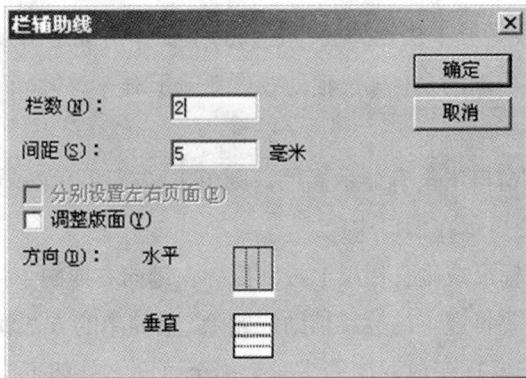

图 7.25 栏辅助线对话框

◆ 在对话框的"栏数"文本框内输入分栏的数目。"方向"中的"水平"
和"垂直"可以互相转换。单击"水平"或"垂直"框，就可以设置为水平或
者是垂直方向。

第二种方法是利用控制面板来设置。

◆ 在 PageMaker 的"窗口"菜单中选取"显示主页面板"命令，打开
"主页面板"。

◆ 单击面板右上角的三角形小按钮，在弹出的下拉菜单中选择"主页设
定"命令，打开"主页设定"对话框。

◆ 在此对话框的"栏辅助线"组合框下，分别在"栏数"和"间距"文
本框中输入所需设置栏目的数值，再单击"确定"按钮，栏辅助线的设置就告
完成。

(3) 标尺辅助线的运用

标尺是排版软件中十分常见的一种定位工具，利用它来定位文本快捷方便。在PageMaker中，标尺同样发挥着相当重要的作用。利用标尺辅助线，可以准确地定位文本和图像位置。PageMaker中的标尺与其他软件中的标尺一样，分为水平标尺和垂直标尺两种。水平标尺用来设置水平方向的辅助线，垂直标尺用来设置垂直方向的辅助线。

标尺辅助线类似于栏辅助线，它们的主要作用都是用来对齐页面上的对象。与栏辅助线不同的是，标尺辅助线更专一于对齐对象，而没有控制文本排列的功能。

◆ 如果在窗口中没有显示标尺，则单击"视图"菜单中的"显示标尺"命令，标尺就会显示在窗口中。

◆ 在水平标尺或垂直标尺上按下鼠标左键向右或向下拖动，便可出现标尺辅助线。如果要将设置的标尺辅助线删除，最简单的方法就是用鼠标左键单击该辅助线，当鼠标变成双向箭头时，拖至页面之外即可。另外，也可执行"视图"菜单中的"清除标尺辅助线"命令。

(4) 网格管理器辅助线

除了上面介绍的方法设置辅助线外，还可以利用网格管理器设置不等宽的一个或多个栏，并且还可以通过网格管理器所提供的栏辅助线或标尺辅助线将栏分隔成若干部分。利用网格管理器设置的辅助线，可以应用在主版面中，也可应用在文件页面中，实现"文档设定"对话框所不能实现的功能。

◆ 单击PageMaker的"工具"菜单，选择"增效工具"中的"网格管理器"命令，出现"网格管理器"对话窗口（见图7.26）。

◆ 点击对话框"定义网格"选项组中"辅助线型"右边的三角形小按钮，在弹出的下拉列表中选择一种线型，如栏、标尺或基线，然后在后面的"适合于"列表框中选择"边界"或"页面"。

◆ 在"栏"或"间距"文本框中分别输入左版面和右版面的栏数及间距值。

◆ 在"应用"选项组内选择要应用辅助线的主版面或文件页面。

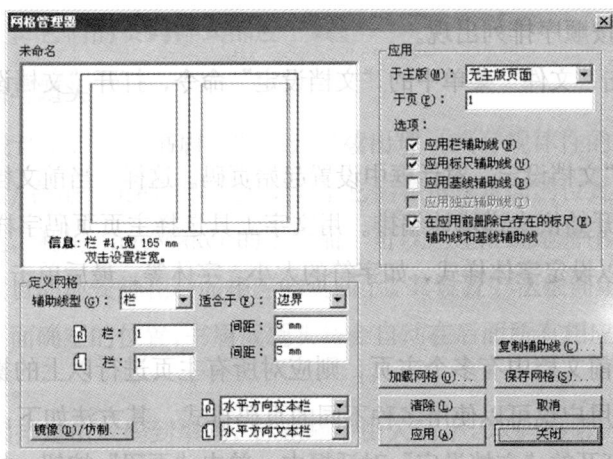

图 7.26 "网格管理器"对话窗口

◆ 在对话框右下方的各选项栏内，系统提供了应用、清除、取消、关闭、保存网格等选项，设计师可根据需要进行选择。

7.3.3 主页面与页码、书眉、题头的设定

PageMaker 在版式设计中，除了利用各种辅助线来定位、界定和规范图文位置外，还可以利用"主页面"来设置规范某些重要版面设计的基本元素，如书刊中的页码、书眉和题头等。

（1）自动设置页码

在 PageMaker 中，页码的设置必须在主页中完成。页码的存在，可以让我们了解整个出版物内容的多少，从而方便阅读。一般十个页码以上的书刊，都应该设置并标明页码。PageMaker 提供了自动编码的功能，页码设置的方法如下。

◆ 将"页面"切换到"主页面"上。

◆ 单击工具面板中的文字工具"T"，在主页面上页码将要出现的位置单击鼠标右键，光标即定位在页码所在的位置。

◆ 按 Ctrl+Shift+3 或 Ctrl+Alt+P 组合键，就会在指定显示页码的位置出现 LM（左主页）和 RM（右主页）字样，在后面的正式页面中，每页的

形的输入光标，在页面上准备放置文字的位置单击鼠标，插入点便会出现在页面上鼠标点入处的边缘。

◆ 在控制面板或"文字"菜单上选择文字的"字体"、"大小"、"行距"、"文字样式"后，此时既可开始直接输入文字了，也可以在文字输入后进行文字编辑。

7.4.2 文本文件的格式转换

当设计内容中有大量文字时，设计师一般会聘请专业打字员进行文字的输入，或是使用由客户提供的原始文本文件的磁盘，这些文本文件一般都是在常用的计算机办公应用软件中输入（如 Word 等）。PageMaker 支持多种文字处理软件创建的文件格式，可以把其他应用程序中输入或保存的文本文件应用到 PageMaker 中进行编辑处理。

文本文件的置入很方便，可以利用"文件"菜单下的"置入"命令，将需要的文本置入到 PageMaker 中进行编排。另外，用户也可以利用"复制"、"粘贴"命令将文本从其他软件中粘贴到 PageMaker 中。

置入 PageMaker 中的文件格式必须是 TXT 文件（ASCII 文件）格式或 PTF 文件（Rich Text Format）格式。由于置入 PTF 格式的文件时，可以保留文字的字节、大小、字体样式等，所以建议最好将文本文件保存为 PTF 格式后再进行置入。

7.4.3 字符阅读器输入

字符阅读器是指通过扫描的方式输入印刷或书写在纸上的汉字并用计算机进行自动辨识的文字输入设备。字符阅读器进行汉字输入所采用的是称之为光学字符的 OCR 技术。OCR 技术主要是将书写或印刷的文字经过扫描获取图像文件，再经过字符识别软件的识别转换，自动转换成 TXT 格式文本文件。利用字符阅读器将已有的文稿转换成数字信息，在实际的设计过程中将会给设计师提供极大的方便。

文字的输入除以上方法外，还有语音识别和电子感应笔输入等。

7.5 文本文件的处理

在平面设计中，无论是图形、图像还是排版设计软件，都能进行文字的输入、处理和编排。但图形和图像设计软件一般主要是对设计稿中的重点标识文字（如书籍封面上的书名、章节的大标题和广告设计中的广告语等）进行特效字的设计制作，如我们常见的金属字、水晶字、霓虹灯字、立体字等等。而大量的文本文件和图文混排的排版处理，都必须在专业的排版软件中完成。

7.5.1 文字的基本编辑

（1）文字的选取

在 PageMaker 中，对已输入的文字进行编辑和调整，首先必须选取该文本，然后才能进行编辑。选取部分文本的办法是先用鼠标点取工具框中的文字工具"T"，然后从将要编辑的文本开始插入，按下鼠标左键并一直拖到文本结束的位置；或首先在要选取的段落的起始位置单击鼠标，将光标插入此处，然后在按住 Shift 键的同时，单击段落的最末尾位置，使该文本被击活为反白显示即可。

如果是选取页面中的所有文本，则只需将已经点取文字工具的鼠标点在文本区中的任何一个位置，再按 Ctrl+A 组合键，或选取"编辑"菜单中的"全部"命令即可。

（2）字体与文字大小的编辑

当文本被选取后，便可对文本进行编辑，在 PageMaker 中，所有对文字的编辑可以用两种方法进行，一种方法是点击 PageMaker 的"文字"菜单中的"字符"菜单命令，打开"文字规格"对话框，里面包括了文字编辑的所有内容，如字体、大小、行距、字距、颜色等等（见图 7.28）；第二种方法是直接从 PageMaker 的控制面板中进行编辑（见图 7.29）。如果控制面板不在桌面，选择"窗口"菜单下的"显示控制面板"命令，弹出关于文本编辑的控制面板。

PageMaker 中文字大小都是以点数（P）为单位，系统设置文字最小为6P，最大为 72P，如果需要更大的文字，可直接输入所需要的点数并按回车键

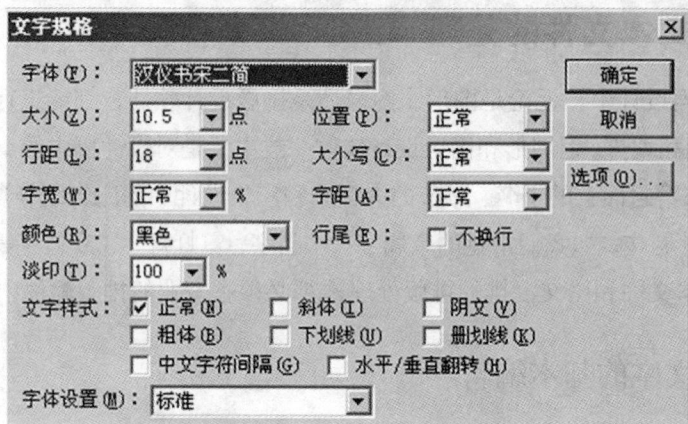

图 7.28 "文字规格"对话框

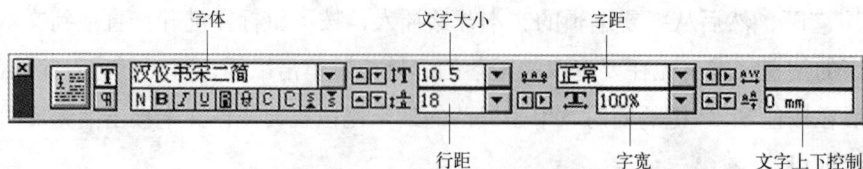

图 7.29 PageMaker 的控制面板

(Enter)即可。

字体的编辑可在"文字"菜单中的下拉"字体"菜单中选择，或直接在控制面板中的字体框中选择。PageMaker 将显示系统所安装字库中所有的中英文字体，点击所需字体即可。

另外，文字编辑中的行距、专业字距、段落、连字处理、文字样式、对齐方式、排式等，也需在选取所需要编辑的文本之后进行。

(3) 文字行距、字距、字宽与样式

行距是指文本中行与行之间的距离，行距、字距和字宽的多少直接决定着版面率的高低和整体的版面风格，在 PageMaker 中，行距可以采用多种方法来设置：

◆ 选择"文字"菜单中的"行距"命令菜单，弹出"行距"子菜单，从中选择文本的行间距，也可单击"其它"命令，打开"其它行距"对话框自定

义文本的行间距。另外，利用控制面板也可以更快地设置行间距。

字距是指文字间的间距。设置字距，可以改变页面的亮暗程度（密字距使页面变暗，疏字距使页面变亮）。同时还可以改变所选择的大小不同字体的字间距，使文本适应页面的有限空间。专业的字距提供有无字距、很疏、疏、正常、密、很密等6种由疏至密的字距设置。字距的设置方法是：

◆ 选择"文字"菜单中的"专业字距"命令菜单，从中选择字距，也可通过单击"编辑字距"命令菜单，打开"编辑字距"对话框（见图7.30），进行自定义的字距编辑。另外，还可以通过PageMaker的控制面版对字距进行调整。

字宽是指文字的宽度。字宽的设置方法如下：

◆ 选择"文字"菜单中"字宽"下拉菜单的字宽比例值，可以改变字体的宽度。通常情况下，用派卡字符数作为度量字体宽度的单位。在字宽数值选项组中包括了常用的几种选项，其中的"原宽"是指字体宽度正常状态下的显示（即100%），选择90%则表示字体宽度缩小为原宽的90%，选择110%则表示字体宽度扩大为原宽的110%。

字体的宽度还可以在"文字"菜单中"字符"下拉菜单的"文字规格"对话框来编辑，或直接从控制面板中进行编辑。

◆ 文字的样式是指对文字外形的设计。文字样式的设置方法是：

单击"文字"菜单中的"文字样式"，在弹出的子菜单中选择字体样式。

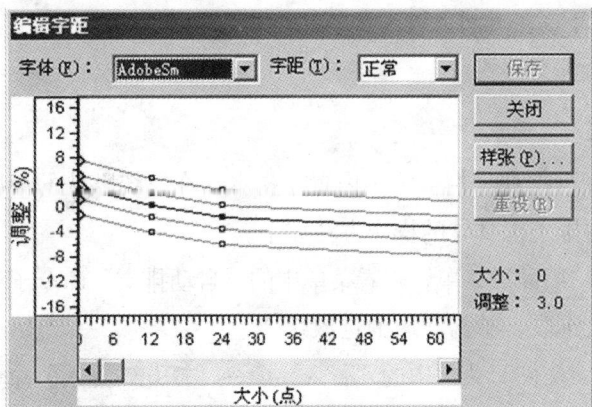

图7.30 "编辑字距"对话框

其中的样式包括正常、粗体、斜体和在文字下添加、删除下划线等（见图7.31），在控制面板中也可以设置文字样式。

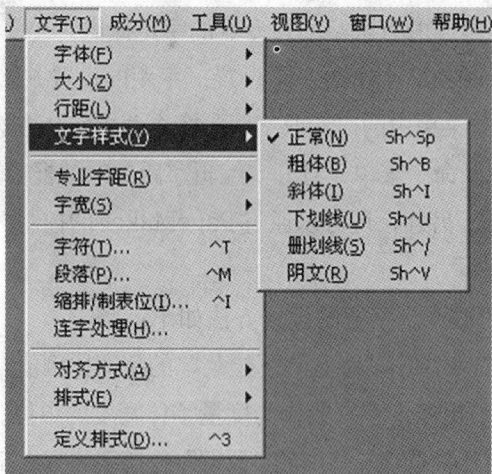

图7.31 "文字" / "文字样式" 菜单命令

7.5.2 文本的编辑

如果导入的文本内容较多，就需要将文件置入下一栏或是下一页内，这个将文件置入下一栏或下一页的过程，即是所谓的"排文"。

在各项设置好之后，单击"打开"按钮，此时的光标将变为文本置入格式。通常情况下，在页面上置入文本的格式为三种：手动排文方式、自动排文方式和半自动排文方式。

(1) 手动排文

只适用于一次在一栏或一页内置入文本，在系统默认的情况下，置入的文本都是手动排文，具体的操作方法如下。

◆ 单击"版面"菜单，查看菜单中的"自动排文"命令子菜单是否被选取，如果已被选取，单击它取消选取。

◆ 单击"文件"菜单中的"置入"命令，打开"置入"命令，系统弹出"置入"对话框，从此对话框中选择一个要置入的文件，再单击"打开"按钮，此时光标变成了手动排文图标。

◆ 将手动排文图标放置到需要置入文本区域的一个角上，单击鼠标左键，页面上会出现已被放置的文本块。如果置入的文本内容超出了本页面或栏的面积，文本下端的句柄内会出现一个向下的红色三角，提示文本内容还没有完全置入。

◆ 如果需要继续置入，可单击这个红色的三角标记，光标会重新变成手动排文图标，在下一栏或下一页单击此图标，置入剩下的文本，重复以上的操作步骤，直至置入全部文本；也可用鼠标左键按下红色三角标记，然后向下拖动鼠标，当句柄内变成空白时，表示全部内容已被置入。

手动排文适用于较短的文本文件，如一次置入的文件只有一页或一栏。如果文本文件较大，则应该采用自动排文方式。

(2) 自动排文

自动排文是 PageMaker 提供的三种排文方式中速度最快、使用最方便的一种，适合于大段文本的编排。

◆ 单击"版面"菜单，查看菜单中的"自动排文"命令子菜单是否被选取，如果没有被选取，点选"自动排文"命令。或在文件置入时出现手动排文图标后，选择"版面"菜单中的"自动排文"命令，这时 PageMaker 窗口中就会出现自动排文图标。

◆ 如果文本的内容在一页或一栏内不能完全显示，单击"文件"菜单中的"自定格式"，从中选择"通用"命令，弹出"自定格式"对话框，点击"更多"按钮，打开"更多自定格式"对话框，点选"自动排文时翻页"选项，单击"确定"按钮即可。这样在置入整个文本中如遇到分栏或分页，会自动跨到下一栏或下一页中，直至置入整个文本。

(3) 半自动排文

在置入文本时，当出现了排文图标（手动排文图标或自动排文图标均可）后，按 Shift 键，排文图标就会变成半自动排文图文。

在文本置入满一栏或一页之后仍有剩余的文本没有置入，此时半自动排文图标就会重新出现一次，由设计师决定是否继续在下一栏或下一页里置入剩余文本。应用这种方式，可以方便地将文本置入到需要的地方，并且可以灵活地在其他两种方式之间进行转换。

在置入文本时的排文图标之间，按下 Ctrl 键，可以在自动排文与半自动排文之间切换；如果要转换成手动排文，则可以按下 Shift 键，显示光标就会变成手动排文图标的形式。

7.5.3 文本的横、竖排

(1) 文本横、竖排的转换

在 PageMaker 中，可以对已经输入的文本文件进行横、竖排的变换。如果要将直排文本转换成横排文本，则在选中直排文本后，单击"编辑"菜单中的"横排"命令，系统会弹出一个对话框（见图 7.32）。该对话框询问是否要"将文章转为横排？"，单击"确定"按钮即可。

(2) 设定横竖排的直接输入

系统默认的文本排列方式是横排，如果想以直排方式输入文本，则在输入文本前先点击"编辑"菜单中的"直排"命令，系统会弹出一个对话框（见

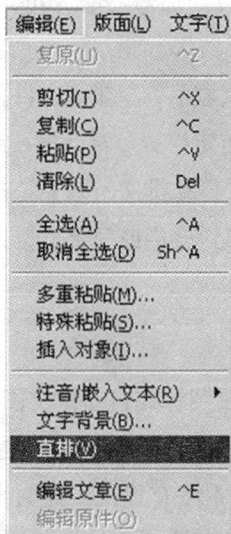

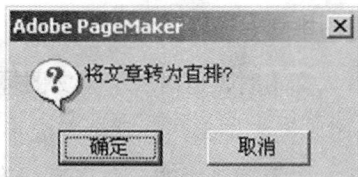

图 7.32 直排菜单和对话框

图 7.32）。该对话框询问是否要"将文章转为直排？"，单击"确定"按钮即可，输入的文字就将以竖排的形式出现。如果要再改回为横排，选取文本后单击"编辑"菜单中的"横排"命令即可。

7.5.4　排式面板设定

使用统一的版式，会使段落格式统一，而且使阅读更加轻松方便。

(1) 面板功能介绍

所谓"排式"活动面板，就是具有名称的一系列排版指令的集合。通过单击"窗口"菜单下的"显示排式面板"命令，打开"排式"活动面板。在"排式"活动面板中可以看到很多已经设置好的排版样式。通常情况下"排式"活动面板与"颜色"活动面板共处一个面板，称为"排式／颜色活动面板"，如果此时显示了颜色面板，只需用鼠标单击面板上的"排式"即可切换至"排式"活动面板显示（见图7.33）。

◆ 磁盘符：表示此样式是从其他文件中导入的。

◆ 新增样式：点击"排式"活动面版右上角的三角形小按钮，在弹出的

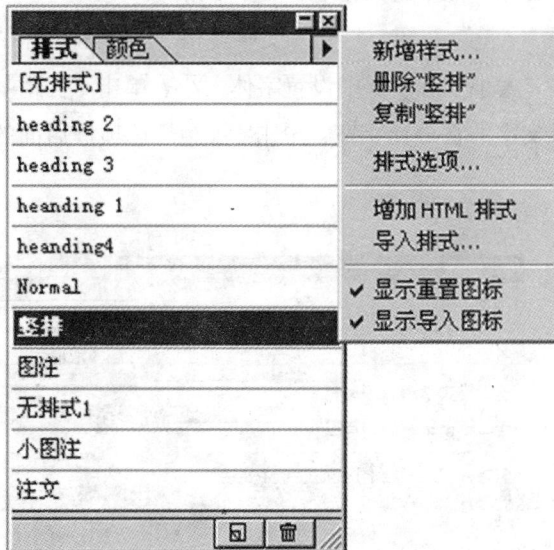

图 7.33　"排式"活动面板

下拉菜单中单击"新增样式"，可创建新的样式并添加到"排式" 活动面板上。
它与移动面板右下角快捷图标作用相同。

◆ 删除排式：点击"排式"活动面版右上角的三角形小按钮，在弹出的
下拉菜单中单击"删除排式"，即可删除当前选中的排式，与"排式"活动面
板右下角垃圾箱快捷图标的作用相同。

◆ "排式选项"：执行此命令，可打开"排式选项"对话框，在打开的
对话框中可进行各种排式编辑。

◆ "导入排式"：执行此命令，可将其他文件"排式"活动面板中的排
式应用到当前文件。

(2) 创建新的排式

创建一个出版物需要多种不同的排式，如果"排式"活动面板中没有用
户想要的排式格式，可以创建一个新的样式。操作方式如下：

◆ 单击"排式" 活动面板右上方的下拉按钮，或点击"排式"活动面
板右下角的图标，在弹开的下拉列表中选择"新增样式"命令，打开"排式选
项"对话框（见图7.34）.

◆ 在"名称"框中输入准备创建样式的文件名称。

◆ 单击"字符"按钮，打开"文字规格"对话框，在"字体"选项框中
选择字体；在"大小"选项框中设置字体大小。单击"行距"选项框后面的下
拉按钮，选择文字的百分比字宽；单击"颜色"选项框后面的下拉按钮，选择
字体颜色。

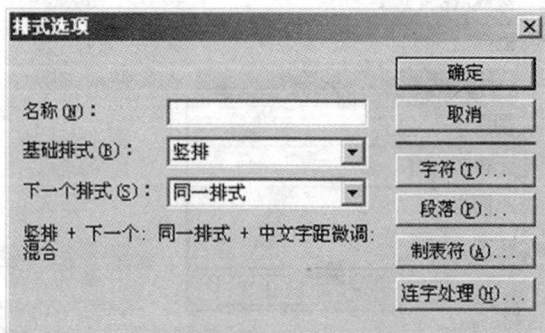

图 7.34 "排式选项" 对话框

◆ 单击"确定"按钮，关闭"文字规格"对话框。

◆ 再次单击"确定"按钮，关闭"排式选项"对话框，即新增的样式名称出现在"排式"活动面板中。

(3) 段落排式

所谓段落排式，就是对整个短段落都起作用的一种形式。在编排设计中，每篇文章的每个段落都要设置段落的对齐方式和段前段后距离，为了更方便地统一段落格式，用户可以创建多种段落排式。

段落排式的操作可以通过控制面版来完成，也可以利用菜单命令来设置。基本操作步骤如下：

◆ 单击"排式"活动面板右上方的三角形小按钮，在弹出的下拉列表中选择"新增样式"命令，或单击"排式"活动面板下方的新增排式按钮，打开"排式选项"对话框。

◆ 在"名称"框中输入所取的名称。

◆ 单击对话框中的"字符"按钮，弹出"文字规格"对话框。设置"文字规格"对话框，即在"字体"、"大小"、"行距"、"字宽"、"颜色"、"文字样式"等选项框中选择或设置所需的参数和样式等内容。

◆ 单击"确定"按钮，关闭"文字规格"对话框。

◆ 在"排式选项"对话框中单击"段落"按钮，打开"段落规格"对话框（见图 7.35）。

◆ 设置"段落规格"对话框中的"缩排"参数，"缩排"是指将段落文字向内或向外缩进一定的距离，包括左缩进、右缩进和首行缩进三种方式。通常"左"框和"右"框都设置 0。"首行"框是用于设置每个段落的首行文字起始距离的，按文字编排的习惯，一般首行文字的开始要空两个字符，其"首行"数值的多少需视段落文字的大小而定，如五号字（10.5P）空两格的数值为 8mm，一旦设置完毕，每段文字首行的文字将在 8mm 后开始。"段落间距"是设置文本中段落与段落之间的距离，分为"段前"距离和"段后"距离。在"对齐方式"选择中有 "左对齐"、"居中"、"右对齐"、"齐行"和"强制对齐"等五种文字的对齐方式选项。在"选项"栏中，有"行位紧靠"、"段转下

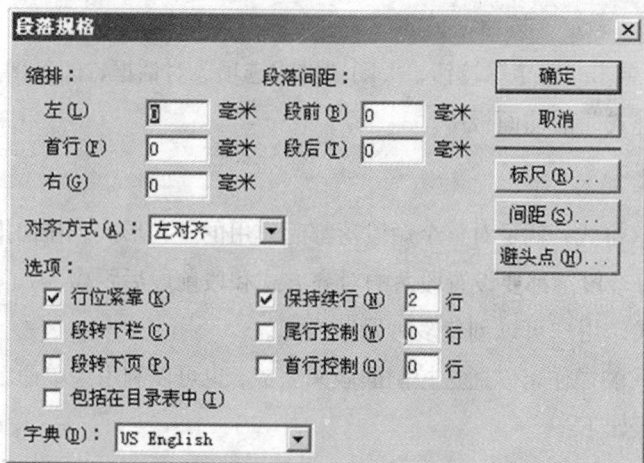

图 7.35 "段落规格"对话框

栏"、"段转下页"、"包括在目录中"、"保持续行"、"尾行控制"和"首行控制"等七个选项。根据排版设计需要设置完毕后单击"确定"按钮即可。

◆ 单击"排式选项"对话框中的"制表位"按钮，打开"缩排／制表位"对话框。在该对话框中根据需要进行设置（也可不设置）。

◆ 单击"排式选项"对话框中的"连字处理"按钮，打开"连字处理"对话框。在"连字处理"选项中选择"开"，并选中"手动加字典"选项，"连字处理区"框中输入所需参数，单击"确定"按钮即可。

◆ 单击"排式选项"对话框中的"确定"按钮，即可看到"排式"面板中多了一个新建的样式名称。

◆ 如果创建好的排式格式有不当的地方，用户可以对该排式进行重新编辑。如果编辑的段落排式已经应用到了当前出版物中，在重新设置此样式后，应用此样式的段落也会随之改变。

◆ 如果在排版设计中只是对部分文本进行"段落排式"的调整，使用控制面版进行编辑处理会更快捷方便（见图 7.36）。

(4) 使用排式

创建排式后，接下来就可以将创建好的排式应用到出版物中了。用户不但可以使用在当前出版物中创建的排版样式，也可以通过导入的方法，将其他

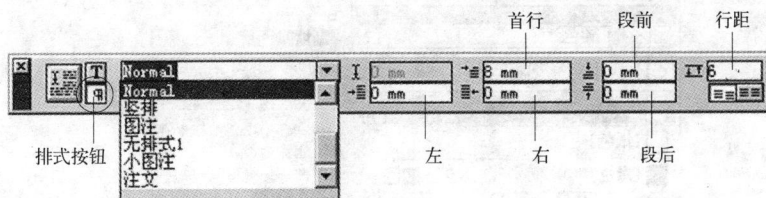

图7.36 控制面版中的"段落排式"调整

出版物中创建好的排式样式应用到当前出版物。基本操作方法如下：

◆ 将文字光标放到要套用排式的段落中，或用文字工具选中需套用排式的整段文字。

◆ 使排式面板处于显示状态。在排式面板中单击想套用的排式，即将此排式套用到选中的段落中。

通过控制面板（在段落视图中）输入或选择创建好的排式名，然后单击"应用"图标，可为选择的段落套用版式。也可以单击"文字"菜单中的"排式"命令，在弹开的下拉菜单中选择排式名。

7.5.5 文字颜色的设定

在PageMaker中可以使用"颜色"活动面版对选取的对象进行颜色编辑处理，由于PageMaker属于专业的排版软件，图形和图像处理功能比较简单，因此颜色的应用相对比较容易掌握。主要用于色块的填充及边线颜色、线条颜色、灰度位图颜色和文字颜色的设置。"颜色"活动面版见图7.37。

(1) 颜色的分类

PageMaker的系统颜色分为印刷色、特别色和淡印色三种。印刷色是CMYK中包含的四种颜色的任意数值的组合。如果是四色印刷的设计，首先要将PageMaker系统设置为此种色彩格式。特别色是指印刷纸上所固定的油墨色样。如果某一颜色统一应用于某个出版物中，这个颜色就是这个出版物的特别色。淡印色是指淡化已经定义好了的颜色。

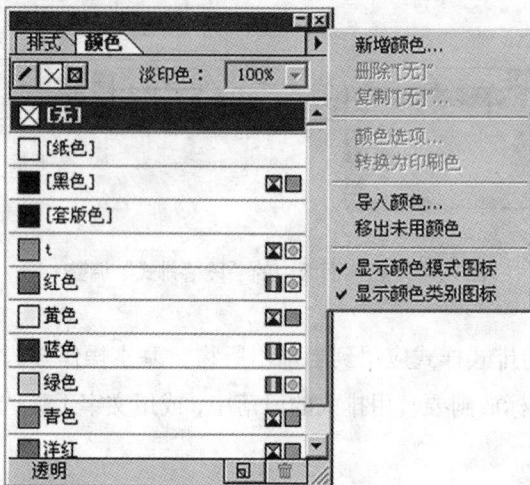

图 7.37 "颜色"活动面版

(2) 颜色的模式

PageMaker 可选用的色彩模式有 RGB 色彩模式、CMYK 色彩模式和 HLS 色彩模式三种，这三种色彩模式的特点和作用在前文中已经介绍，这里不再赘述。

(3) 颜色活动面板

PageMaker 的每个出版物，都包含一个特定的颜色集，这些颜色集可以通过"颜色"活动板来设置和使用。如果 PageMaker 的"颜色"活动面板不在桌面上，选择"窗口"菜单中的"显示调色板"命令，即可显示颜色面板。

PageMaker 在默认状态下提供了一些基本的颜色，如"无"、"纸色"、"黑色"、"套印色"等。

A．"无"即没有任何颜色，用于删除已选中对象的应用色彩。不填入任何颜色。如果在页面有底色的时候，能够显示对象下方的图像。

B．"纸色"即纸张的颜色，PageMaker 在默认状态下的纸色为白色，如果要更改成其他颜色，可通过"纸张"颜色来设定，但是所设置的颜色不能被打印出来。

C．"黑色"这里的黑色是指四色印刷上 100%的纯黑色，PageMaker 默认的黑色设置是 CMYK 的比值为 0∶0∶0∶100，这样才能表现为正常的黑色。

　　D."套印色"主要应用于设计成分的属性，这个颜色会出现在每一个色板上，通常用于网片的对网符号上。

　　除了以上的颜色外，还有其余的颜色，可以分为以下两大类。即用于屏幕显示的 RGB 色彩模式，包括红、绿、蓝三种颜色，和印刷用的 CMYK 色彩模式，包括青色（C）、品红（M）、黄色（Y）和黑色（K）四种颜色。

（4）设定和编辑颜色

　　◆ 单击"颜色"活动面板右上角的三角形小按钮，在弹出的下拉菜单中点"添加颜色"按钮，系统会弹出"颜色选项"对话框（见图 7.38）。

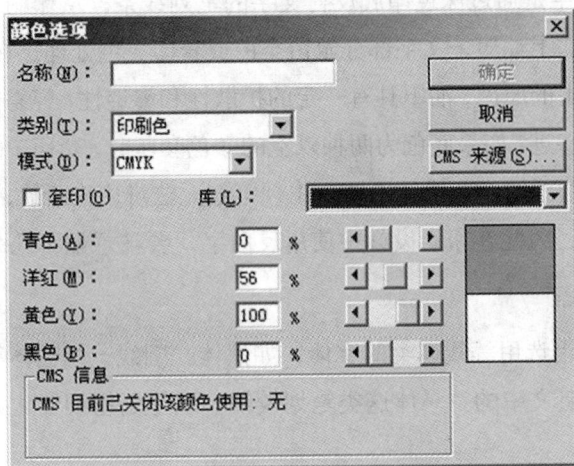

图 7.38　"颜色选项"对话框

　　◆ 在"名称"栏中给准备新增的颜色取名，在"类别"栏中选择颜色的类别，在"模式"栏中选择色彩模式。如果选择的是印刷色类别和 CMYK 的色彩模式，那么在对话框的下方将出现青色、洋红、黄色、黑色四个颜色的数值框、滑块和颜色预视窗口。可用数字输入或移动滑块来设置四个颜色的百分比，按"确定"键，即在"颜色"活动面板添加一种新的颜色。

　　如果想删除"颜色"活动面板上已有的某一颜色，先点选该颜色，再单击"颜色"活动面板右上角的三角形小按钮，在弹出的下拉菜单中选择删除命令，或用鼠标直接将该颜色拖入"垃圾桶"即可。

同时PageMaker也可以对已经使用的颜色的色值进行调整和对色彩模式进行重新设定。双击调色板中已有的颜色图标，出现颜色对话框，然后对该颜色的参数进行调整，按确定按钮即可。

7.5.6 反白文字

文字的颜色浅于版面上的底色，即文字形象是通过深色的底色衬托出来，称之为"反白字"。反白字中对比度最强烈的是黑底白字。反白字从视觉上来讲其冲击力强于正常的浅底深色文字的表现形式，在平面设计中通常使用在标题和重点内容部分。

由于反白字是通过深色印底反衬文字的笔划线条，从印刷技术上来讲是在纸张底板上印上油墨，文字部分做留空白或套印浅色处理。在印刷过程中，由于各种技术上的原因，油墨具有一定的扩散性和渗透性，容易向白色的文字笔划线条部分渗进，如果底色为两种以上的颜色套印时，套印中的误差会使文字笔画的线条边线缩小和模糊不清，出现笔划无法辨认或断缺，甚至被"吃"掉的质量问题。因此在印刷设计中使用反白字，要注意如下几个问题：

(1) 字体的选择

一般字体上选用等线体类的字体，如黑体、圆线、综艺体等，而一般不使用像宋体、英文中的罗马体这类笔划较细，或笔划粗细变化大的字体。

(2) 文字大小

反白印刷的文字不能太小，至少应该在5号字（10.5P）以上。文字越大，反白的效果越好，视觉冲击力越强。文字小的反白字，不仅不会加强视觉冲击力，反而会增加阅读识别的困难。

(3) 颜色的组合

反白文字的底色应尽可能单纯，如黑色或专色印底。最好不要或尽量少叠印颜色，如果必须进行叠印，能用两色完成的绝对不要使用三色。另外，文字和底色的明度和色相对比，也以对比强烈为宜，一般反白的文字最好为白色。

(4) 文字内容的多少

反白文字在印刷设计中主要应用在文章的标题和重点内容部分，起强调和突出的作用，不宜使用在大段文本的表现上。大段文本使用反白字，极容易产生视觉疲劳，影响阅读效果（见图7.39）。

	大黑反白	中黑反白	书宋反白
四　号　14P	平面设计	平面设计	平面设计
五　号　10.5P	平面设计	平面设计	平面设计
小五号　9P	平面设计	平面设计	平面设计

图7.39　不同字体的反白效果

7.5.7 特殊符号的使用

平面设计中经常会使用到特殊的符号，以及中文标点符号在竖排中的变化应用。PC和苹果MC电脑系统都提供了专门的特殊符号库，一般常用的符号都可以直接应用。具体操作方法如下：

(1) PC机用户

◆ 在Windows 98、Windows 2000和Windows XP等操作系统中，都自带有多种中文输入方法，如果当前的文字输入是英文状态，按“Ctrl+空格”组合键，转换为中文输入状态，再通过“Ctrl+Shift”组合键，选择所需的中文输入方式，如全拼输入法、微软拼音法、郑码输入法、智能ABC输入法、五笔输入法等。

◆ 点击“显示输入法状态”，在桌面的左下角将出现相应的“输入法状态”图标（见图7.40）。

◆ 将鼠标放在“输入法状态”图标的最右端的软键盘图符上按右键，打开特殊符号窗口。

窗口中包括标点符号、数字符号、单位符号、制表符、特殊符号等项目，点击所需符号种类，将在桌面的右下方弹出软键盘符号面版，用鼠标点击软键盘符号面版上所需的特殊符号即可（见图7.41）。

◆ 用鼠标左键点击"输入法状态"图标最右端的软键盘图符,将关闭软键盘面版。

(2) 苹果机用户

◆ 在中文输入的状态下,按"Option + Shift + >"组合键,即可打开特殊符号窗口,苹果电脑的特殊符号窗口条在桌面的左下方。

◆ 按键盘上的"光标左移"和"光标右移"键来选择所需的特殊符号,然后用鼠标右键点取即可。

特殊符号在文本文件的格式和字体转换中很容易出现错误或乱码,因此在文件的转换,特别是在输出过程中要特别引起注意。

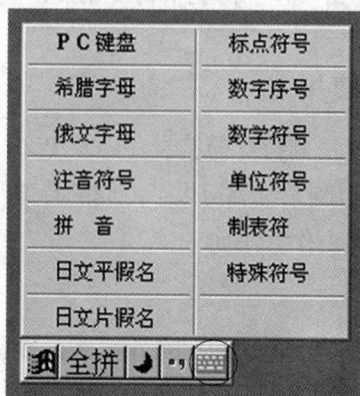

图 7.40　特殊符号菜单

图 7.41　特殊符号软键盘

7.5.8 特殊文字的制作

在平面设计中，经常会遇到某些生癖文字，在所有的字库里都查找不到，遇到这种情况，就需要进行"造字"。比较简单快捷的造字方法有两种。

(1) 在 PageMaker 中直接造字

如果该字只是两个字的左右拼合，并且这个字的左右结构在 PageMaker 的字库中都有，那只需将两个字输入在一起，然后通过文字编辑菜单或控制面板上的文字调节功能，调节两个字之间的字距和字体的宽度，组合成一个新的字，并通过"成分"菜单中的"组成群组"命令菜单将它们组成组。放入正式的文本中去即可。

(2) 在图形设计软件中造字

如果所需造字的结构比较复杂，在 PageMaker 已有的字库中不能直接找到相应的结构做简单的拼接，那就要在图形设计软件中进行造字处理。平面设计中所有的图形设计软件，如 Coreldraw、Illustrater、FreeHand 等，都可以很方便地进行造字处理。

制作的方法是先将有关相近笔划或结构的文字输入到一个页面，将它们打散（转换为路径），然后将所需的笔划或部首进行重新组合，组合完成后将它们组成组，存储为 EPS 文件格式，再将它置入到 PageMaker 中即可。

制作的文字要尽量让字体风格、文字大小及笔划的粗细与所配文本一致，放置的位置准确，并在 PageMaker 中和所配文本文件连接成组，以免在文本块的移动和调整中移位或丢失。

7.6　排版软件中图像、图形文件的置入与编辑

当设计文件中所需要的各种图片、图案与图表在 Photoshop、CorelDRAW（或 FreeHand、Illustrator）中处理制作完毕后，接下来的工作就是将这些文件导入到专业排版软件进行整体排版设计和调整。

7.6.1 图像文件的置入与链接

按排版设计的习惯，一般是在基本页面和版式确定完成后，先将文字内容置入或输入到已经设置好的排版文件中去，当文本文件输入完毕，并留下准备放置图片文件的位置后，再进行图像文件的置入。

(1) 文件的置入

点击 PageMaker 的"文件"菜单中的"置入"命令菜单，或按 Ctrl + D 组合键，将出现"置入"对话框（见图 7.41）。

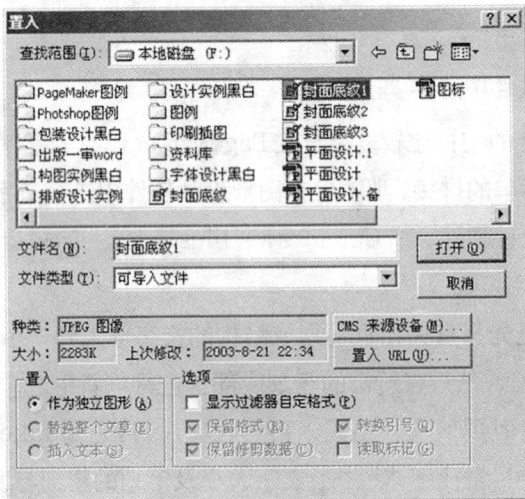

图 7.41 "置入"对话框

◆ 在存储图像文件的文件目录中选择已经按 PageMaker 支持的文件格式存储好的文件名，然后单击"打开"按钮。系统将出现"Adobe PageMaker"的询问对话框，提示所置入文件的名称、格式、占据空间。并询问是否要在出版物中包括完整的文件副本，点选"否"（见图 7.42），鼠标箭头变为置入图像文件的图标形状，在页面上准备放置图片的位置单击鼠标，图片将会以原来的大小显示在页面上。

另外，还可以利用剪贴板，在 Photoshop 中打开图像文件，对该图像文件进行拷贝（组合快键为 Ctrl + C）或剪切（组合快键为 Ctrl + X），然后在

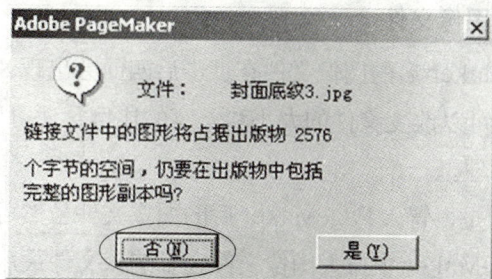

图7.42 "Adobe PageMaker"置入文件询问对话框

PageMaker的页面中进行粘贴（组合快键为 Ctel + V）即可，这种置入方法更为简单快捷，但必须在桌面上同时开启 PageMaker 和 Photoshop 两个软件和相应的图像文件。因此大批量的图像文件置入，还是以菜单命令的方式操作更为方便。

◆ 置入 PageMaker 后的图像文件，一般都以系统的默认显示状态显示，其图像的清晰度不高，如要显示高清晰状态，用鼠标双击工具箱中的箭头图标，出现"自定格式"对话框，在"图形显示"栏中点取"高分辨率"，图像文件将以高分辨率方式显示。高分辨率显示图像文件，将影响 PageMaker 的运行速度，所以在编排设计中，一般选择系统默认的"标准"显示状态。

（2）文件的链接

◆ 置入 PageMaker 的文件系统会进行自动链接，并保存这些置入文件的路径、文件形状、修改时间和文件的大小等信息，建立来源的原文件与 PageMaker 文件之间的链接。如果发现图像文件进行了新的修改，PageMaker 即可自动查获并更新，或显示文件与变更的信息。

文件的链接、查找、取消链接和重新链接等操作都在"文件"菜单中的"链接"命令的"链接"对话框中进行，该对话框中包括"信息"、"选项"、"解除链接"、"更新"和"全部更新"等功能。

在 PageMaker 中，由于默认的显示方式是"标准"格式，文件是否真正链接不易发现，因此在打印和出片前，可以用"高分辨率显示"来检查图像文件是否已经链接上，如果该图像文件没有链接上，在"高分辨率显示"状态下将会以马赛克的形式显示。说明需要重新进行链接。

(3) 编辑置入的图像文件

置入 PageMaker 后的图像文件在点击后四面会出现 8 个点，通过鼠标拖动这些控制点，可以改变文件的大小和长宽的比例，还可以对图片进行旋转、倾斜、裁切等处理。

应该注意的是，置入 PageMaker 后的图像文件虽然可以任意改变尺寸的大小，但在 PageMaker 中拉大图像文件会影响该文件最后的印刷质量，当图像文件在 PageMaker 中拉大到 2~3 倍之后，印刷出来的图片会明显出现颜色变淡变灰，反差变弱，图像模糊等严重的质量问题，所以不要随意在 PageMaker 中拉大图像文件。

7.6.2 矢量图形的置入

PageMaker 有强大的图形和图像管理功能。图形文件通常是由节点、路径等组成，如 CorelDRAW、Illustrator、FreeHand 制作的图形文件。在 PageMaker 中这些都被称为矢量化图形。一般情况下，都将它们以 EPS 的格式保存起来，但是也能以其他格式保存，如：TIFF、JPEG、PCD、BMP、HPGL、GEM 等文件格式。

矢量化图形在PageMaker的置入和链接与位图文件的置入链接基本相同，其步骤为：

◆ 点击 PageMaker 的"文件"菜单中的"置入"命令菜单，将出现"置入"对话框。在对话框中选择要置入的文件名，点"打开"按钮，出现"Adobe PageMaker"询问对话框，点"否"按钮即可。

◆ 矢量化图形的链接检查与重新链接的方法与前面介绍的位图方法相同。

与位图文件不同的是矢量图形在 PageMaker 中可以随意拉大和缩小，而不会影响图形的精度和印刷质量。但如果矢量图形在制作中保留有外框线，那么在置入 PageMaker 后，该外框线不会按比例随着图形的拉大和缩小随之变粗或变细，而是始终保持在原制作文件中相同的粗细，因此如果所设计制作的矢量图形要在排版设计中经常拉大或缩小，最好是在设计中不要边框线。

7.6.3 图文混合编排

PageMaker 默认的状态下，图片都是浮动在文字的上面并覆盖着文本内容，如果要使图像和图形文件在页面中的任何位置都不影响文本内容，必须使用文本绕图的方式进行图文混排。其操作方法如下：

◆ 在页面中选取图像。

◆ 单击PageMaker的"成分"菜单中的"文本绕图"对话框（见图7.43）。

◆ 在此对话框的"绕图排文选项"中，可以看到三种不同的绕图类型：它们依次为不做绕图处理；规则绕图处理；不规则绕图处理。

◆ 在"文本绕图"对话框的"排文"选项中，三个图标依次表示的是：上方绕图，在下一栏或下一页继续排文；上下型绕图，即在图形的两边不排文；四周绕图，即图形将被整个文本包围起来。

◆ 在"图文间隔"中的"左"、"右"、"上"、"下"文本框中，分别输入设计所需的数值，用以设定图形边缘与文本之间的距离。

◆ 单击"确定"按钮，文本绕图即告完成。如需要对图片在页面中的位置进行调整，可用鼠标左键按下图形，将其拖向所需的位置，松开鼠标左键即可。

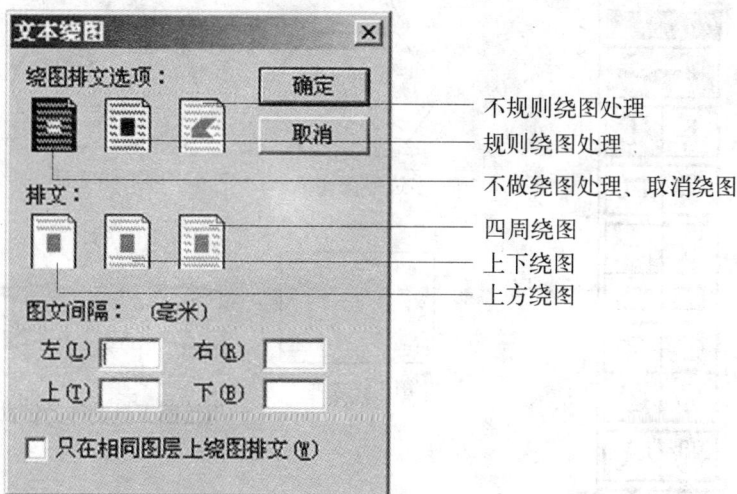

图 7．43 "文本绕图"对话框

◆ 若要恢复原来的规则绕图排文，则在选定图片后，单击"成分"菜单，打开"文本绕图"对话框，选取"绕图排文选项"中间的图标。选择"绕图排文选项"中的不做绕图图标，就可以取消绕图排文设置。

7.6.4 图文框的应用

图文框是 PageMaker 6.5 新增的一项功能，它具有编辑文本块与图形图像文件的双重功能。在图文框中，既可以输入文字，也可以绘制图形。这一功能的出现，极大地丰富了电脑排版艺术的表现力，因此很受设计师们的欢迎。

图文框的工具在 PageMaker 的工具面版上(见图 7.44)。

(1) 创建图文框

◆ 在 PageMaker 的工具箱中点选指针工具，选择一个特定形状图文框，此时光标变成"+"字形状。系统提供了多边形图文框、矩形图文框和椭圆形图文框等，设计师可根据设计需要自行选择。

◆ 在页面上准备放置图文框的位置按下并拖动鼠标，绘制出图文框。

◆ 如果在页面上绘制了如矩形、多边型或椭圆形等图形，也可以将其转换成图文框。其操作方法和步骤是首先选定该多边形或其他形状的图形，然后

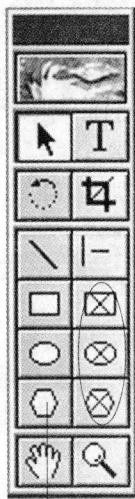

多边形图文框

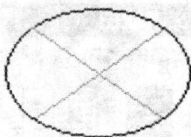

圆形图文框

矩形图文框

利用绘图工具制作的图文框

图 7.44　图文框工具　　　　　图 7.45　绘制出的各种图文框外形

原图   图文框效果

原图   图文框效果

图 7.46   图文框制作实例

单击"成分"菜单，选择"图文框"子菜单中的"改为图文框"命令即可。运用此种方式，可以使图文框的外形更加丰富多样（见图 7.45）。

（2）在图文框中输入内容

A.置入文本文件。如果准备放入图文框的文本已经在页面上，可将它们直接置入到图文框中去，其操作步骤如下：

◆ 用指针工具单击图文框，再按下 Shift 键，然后同时选取要添入图文框的文本。

单击"成分"菜单，选择"图文框"子菜单中的"加入内容"命令，或按 Ctrl+F 组合键，即可将文本直接添加到图文框中。

如果文本文件不在桌面上而在文件夹中，先用指针工具选定图文框，再单击"文件"菜单中的"置入"命令，然后在"置入"对话框中点击准备置入的文件名，再按"打开"按钮即可。

◆　除向图文框中添加现有的文本外，也可直接在图文框中输入文本内容，其操作步骤是用鼠标点选 PageMaker 工具箱中的文本输入工具，在图文框的起始位置单击，此时光标出现在图文框中，输入的文字将显示在光标出现的位置。

B.置入图形文件。用指针工具单击图文框，将其选定。

◆　单击"文件"菜单，从中选择"置入"命令，打开"置入"对话框。在文件夹中选定准备置入的文件名，按"打开"按钮即可，图文框效果见图7.46。

置入或输入图文框的文本和图形，可以进行编辑，如移动、剪切、对齐、缩放、移出内容等，另外，图文框之间还可以链接与转换。图文框的编辑操作控制基本上都在 PageMaker 的"成分"菜单中的"图文框"子菜单里完成。

7.7　版面的整体调整与修改

为了突出画面的整体效果，强调画面的图文之间在内容和视觉上的主次关系，当所有的文字、图片和其他图形图像文件全部置入到排版设计软件，并将各级标题、文本与相应的图片、图案连接好之后，最后的工作就是在电脑上根据确定的排版样式对设计进行整体的调整与修改。

版面设计整体调整和修改的基本方法与原则是从整体到局部，再从局部到整体。如果是单页的招贴、宣传页之类的设计，那么版面的调整工作仅限于一个独立的页面，相对来说比较容易把握和控制。常规的单页平面设计，其视觉元素重点依次是：主标题、副标题、标志标徽、主题图片、广告语、说明文字及通讯地址、电话等，设计根据内容和创意设计要求及视觉设计艺术语言的表达形式，将其一一安排布局到位。但多页面的样本、画册、期刊之类的排版设计，每一个局部的调整都会涉及到与其他的页面的关系，如版式、整体风格以及整个内容与页码的移动变更等。因此要求设计师有很强的宏观调控能力与整体设计概念。

出版物的排版设计，首先要求设计师按照平面设计中视觉艺术语言的基本规律来进行创造性的设计。同时，计算机专业排版软件也为设计师的图文编辑处理提供了极为强大、快捷和便利的编辑使用功能。今天的计算机印刷排版设计,设计师可以充分利用计算机排版软件强大的编辑功能和丰富多彩的标准模块,结合设计内容,创造性地设计出具有个性特征的版式和具有时代气息艺术风格的作品。

7.7.1 设计稿的电脑打样

当设计稿在计算机中排版调整完成之后,接下来的工作就是设计稿的打印。

在整个印刷业务的实施中,有两种作用和目的不同的打样,即设计阶段的设计稿打样(通常称之为"设计打样")和印刷前的印前胶片打样(通常称之为"印刷打样")。

设计稿打样的目的首先是给客户审查校对你的设计,同时也是设计师将其设计理念由无形的意念变为可视的图像,以此为依据对其设计思想进行验证,进一步进行调整与修改,并交给客户审查校对。

(1) 打印设备的选择

打印机的种类和品牌很多,价格的差别也很大,但作为平面设计看样用的打样工具,一般的彩色喷墨打印机就行了,其规格最好是能够打印 A3 的尺寸,至少不能小于 A4 尺寸。

(2) 设计稿的打印质量

一般的彩色喷墨打印机,都设有 360DPI、720DPI 和 1440DPI 等几个打印质量的级别,分辨率的级别越高打印质量越好,但打印的速度会越慢,墨水的损耗也越多。另外,喷墨打印纸的种类也很多,有普通纸打印、专业喷墨纸打印、照相纸打印、胶片纸打印等,设计者可根据不同的要求和情况来选择打印质量和纸张,一般分辨率设置为 720 个 DPI,采用专业的喷墨打印纸。

(3) 设计稿打印尺寸的设定

一般印刷成品尺寸在大度 16 开(相当于打印机中的 A4 尺寸)以内的,最好用 A4 的尺寸来打印。由于一般的打印机不能将打印纸打满,所以实际打印出的尺寸会比大 16 开略小一点,这对设计稿的看样审查和文字的校对不会有多大的影响。印刷成品在小于 16 开的,最好是打印原大尺寸;印刷成品超过大度 16 开的，如果客户没有特殊的要求，一般都可以缩小到 A4 的尺寸打印。

7.7.2　打印样稿的装订与制作

对于像单页类的印刷品（如招贴、宣传单等），不存在进行装订和制作，但最好要将因打印机打印不满而留出的多余白边裁掉，如果一直以留有多余白边的设计稿审稿，到最后的印刷成品之后再裁切，其画面的感觉将会比原来客户已经接受和习惯了的要拥挤。

样本的设计稿打样在给客户审查时，最好手工装订成样书后再交给客户，特别是第一稿，这样既给客户留下一个好的印象，也便于校对和页面的检查。

手工装订样书可用双面胶将打印稿背对背的粘贴，但必需是两个页面拼在一张纸上打印，才好装裱成书，所以如果要做 16 开的样书，必须得将两张 A4 的页面拼在一张 A3 的打印纸上来打印。

除了采用双面胶手工对贴之外，还可用打孔上胶扣的小型手工装订机进行装订，封面和封底还可以各加覆一张透明的胶膜，这样做成的样稿整体效果很好。这种小型的打孔装订机市场上随处可买到，价钱也不贵。

7.7.3　设计稿的审查与校对

依据原稿及设计要求在打样稿上校样检查，标注错误，称为校对。文稿的校对是印刷设计过程中的一个重要环节，主要是根据原稿核对校样，校正在文字输入和排版过程中的各种差错。校对一般分初校（一校）、二校和三校。但在实际的印刷平面设计中，由于多方面的原因，通常校对的次数远不止三校。

设计稿的审查与校对阶段是设计师与客户接触最频繁的阶段，在这个阶段，也是对整个设计不断进行调整、完善的阶段。包括对文字图表的修改，图片的更换和处理等。但由于客户的文化层次、品位和工作方式不一样，常会提出一些不合理要求，因此在这一阶段，对于一个设计师或业务主管来说，耐心、虚心、热心、语言的表达和说服能力以及灵活的处事方式，与其设计创意能力同样的重要。设计师面对这些不合理要求时，基本的处理原则是在不影响整体的设计风格和违背基本的设计常识的情况下，尽可能地满足客户的要求。

7.7.4　显示屏、电脑打样与印刷成品的颜色差别

在设计过程中，印刷品的最后色彩效果是所有客户和设计师都最为关注的。但每一件设计稿的最终印刷效果又是连设计者本人和印刷技师都不敢绝对保证的。通常调试得再好的电脑显示器，其显示屏的显示色彩与彩色喷墨打样的颜色和最后的印刷品颜色都会有不同程度的差别。另外，印刷成品的色彩还与印刷技师的水平、印刷设备的好坏、所用的纸张、PS 版和印刷油墨的品牌质量等等都有很大的关系。因此，在印刷设计中，最为可靠的色彩确认标准就是使用印刷色卡（色标）。一套好的印刷色卡，是每个平面设计师必备的工具，当客户对电脑打样的色彩产生疑问时，利用色卡给客户进行解释，是惟一有效和最具权威的方法。

通常印刷成品的色彩比电脑彩色喷墨打样的色彩要柔和，层次要丰富细腻得多，但没有彩色喷墨打样那样艳丽。一般来说，只要你不是找一家很差的印刷厂，客户都会乐意接受最后的印刷效果。

7.7.5　客户的确认

必须由客户在最后确认的设计样稿上签字认可后方可出片，并妥善保管好客户认可的设计签样稿。在出片中往往会出现许多始料不及的问题，这些问题的责任有的涉及到设计师、有的是客户或输出中心的技术操作人员，客户的签样稿和设计师所提供的原始磁盘是查清责任的主要凭证。

第8章 输出与印前打样

　　严格地说，客户对印刷设计稿的认可和签字同意出片，对于一个以印制印刷品为目的的平面设计师来说，仅仅只是完成印前工作的一半，接下来的工作是设计师和输出中心与有关专业技术人员合作，进入印前的第二个阶段，即输出（出片）和印前打样阶段。

8.1　输出中心

　　输出中心是计算机印前技术普及之后业内人士对印前图文信息输出单位的总称。他们主要的服务内容包括图片的输入（扫描、电分）、输出（印刷胶片）和印前打样。一些大型的印刷公司内部一般都设置有专门的输出机构或部门。专业的印刷输出中心现在也很多，市场竞争很激烈。他们在设备条件、输出质量、服务和价格上也有所差异。设计师对于输出中心的选择，应从以下几个方面来考虑：

8.1.1　输出系统配置

　　计算机印前输出系统包括硬件、软件、输出材料及工艺的组合。印前输出科技含量高，专业性强。衡量输出系统配置的优劣，主要从他们所配备设备的输出精度、输出尺寸、所使用的感光材料（胶片、印版等）质量及拼版系统的兼容性等几个方面为主要标准，结合设计和印刷的要求来进行选择。

（1）栅格图像处理器 RIP

　　栅格图像处理器 RIP（Raster Image Process）是印前输出系统的重要组成部分，它是将计算机编排好的图文页面输出到不同的介质（如黑白或彩色打印稿，分色软片、印版等）时一个必不可少的中间处理设备。对于彩色印前系统，在决定整个系统的工作效率和品质方面，RIP 具有不可替代的作用。RIP的功能在于接受和解释应用软件生成的用PostScript语言描述的图文版面信息，生成输出设备可以识别接受的位图，即带有网点的半色调图像，驱动设备纪录成像。

RIP 是一个高强度计算处理的过程，其计算量非常大，当输出设备的分辨率为500点／厘米时，其中1平方厘米内计算识别25万个点；若输出设备的分辨率为1280点／厘米时，其中1平方厘米内则要计算识别163 84万个点。因此要求计算机具有很强的运算能力。

RIP 的种类很多，可将它分为两大类，即硬件RIP和软件RIP。硬件RIP是利用硬件进行光栅图像处理的方式。随着计算机技术的发展，计算机的运行速度成倍提高，软件RIP已经成为RIP产品的主流形式。软件RIP的核心是Postscript 解释器，页面描述语言 Postscript 文字 Level 2 已经成为彩色印前处理系统的重要衡量标准。

RIP 的工作流程可概括为以下三个步骤：前端工作站释放——RIP 解释（加网处理）——驱动输出设备记录成像。

(2) 图像信息输出设备

在印前系统中，经中间处理完成的图像信息还必须以一定的方式记录于某种介质上，供后序使用。印前图像信息的输出设备按其输出记录介质的形式可以分为电脑打印设备（如喷墨、激光、热升华打印机等）、印刷胶片输出设备（激光照排机、自动冲片机）和印刷直接制版机三大类。下面主要介绍印刷输出设备，即激光照排机和直接制版机。

激光照排机（ImageSetter）又称图文记录机，它是在胶片或其他感光材料上输出高精度、高分辨率图像和文字的打印设备。激光照排机以激光为光源，根据印前处理系统传送来的版面点阵信息生成黑白位图，在感光材料上曝光，从而输出所需的单色或四色分色胶片，供制版印刷用。

激光照排机的工作过程一般是同 RIP 和自动冲片机紧密结合的，RIP 将前端处理好的版面信息以激光照排机相应的输出分辨率转换成加网位图信息，传送到激光照排机，并驱动其记录装置在软片上曝光，曝光结束后送到自动冲片机进行显影、定影、水洗和干燥等一系列后处理，印刷胶片就告输出完成。

激光照排机按记录的机构设计方式不同，一般分为平面式和滚筒式两大类。衡量激光照排机的档次主要从它的输出分辨率、重复精度、输出幅面、记录速度和激光波长等性能参数为标准,其中输出分辨率和重复精度是衡量激光照排机性能的两个最重要的指标。高的输出分辨率能产生精细的影调，使印刷品产生层次更为丰富的细网半色调。但对于一般彩色印刷而言，只需以满足可表现的最大灰度级为256级为目标即可，因为人眼可分辨的灰度级数大约只有这个级数的一半，更高的级数不一定能明显提高印刷品的质量。一般激光照排机在输出分辨率上有几个级别可供用户选择，如 Agfa Avantura 系列的照排机的输出分辨率有1200DPI、1800DPI、2400DPI和3600 DPI四个图档。激光照排机的重复精度是指版面上某个点在两次输出时是否能精确处在同一位置上的能力，它表明了各分色版上图像位置的准确程度。特别是对于彩色印刷而言，重复精度是一个重要的参数，否则印刷出来的印刷品各色之间会出现错位，再优秀的印刷技师也无法将各色印版套正。

直接制版机CTP（Computer-to-plat）是指由计算机控制的印刷机直接制版技术，它实现了直接在印刷机印版滚筒上成像制版，无需上版、调版，既缩短了印刷周期，又提高了印刷质量。在印刷前，将准备印刷的图文数据输入计算机，先通过数字打样机打样校对，为制版提供依据。合格后，计算机经光栅处理器（RIP）处理后的数据，通过直接成像服务器、印刷控制计算机、中央印刷控制机，直接送往印刷机上的激光系统，在印刷机预先固定好的印版上，直接刻制成像，将印版清理后即可进行印刷。直接制版印刷技术代表了平版印刷发展的方向，为印刷技术向高科技发展开辟了一条新路。

（3）感光材料及其加工过程

由印前的图像信息转变为最终印刷所需的胶片和印版，一般都是通过印刷专用的感光材料来实现。在印前处理中，输出的图文信息的质量取决于所使用的感光材料（胶片、印版等）的质量。

感光材料是指那些见光后能发生化学或物理变化，并经适当的后处理能获得稳定影像的物质。它可分为卤化银和非卤化银感光材料，通常卤化银感光材料用于感光度要求较高的胶片输出，非卤化银感光材料用于感光度要求较低的直接制版版材。

印刷感光材料的主要性能和技术指标包括感光度，反差、反差系数和反差指数，分辨力，清晰度，灰雾度，感色性和密度等。其工艺过程为曝光——显影——定影——水洗——晾干。卤化银感光材料的质量、加工处理过程中的技术处理和操作，对印前图文信息输出的质量十分重要。

（4）输出拼版系统

设计师交给输出中心的文件盘在正式输出之前还必须根据工艺要求进行整理和拼版，我们称之为拼大版。拼版系统是一个集文字输入、排版、图形图像处理等子系统为一体的综合系统，它可以在各个子系统中分别进行运算，并提供通讯手段使各个应用子系统之间交换信息、共享数据，一般采用通用的页面描述语言进行数据交换。

拼大版是一种在印刷版面上最合理排放标注的科学，即在单张纸上可被印刷的多个页面的印件构成许多标记图。在创造标记图和进行拼版工作前，需要对印张数、装订类型、纸张的最大尺寸及怎样折页等进行确定。

拼大版的专用软件用于对多个印刷页面的正确配页，以及解决由拼版版式中产生的各种问题。如每一印张的页数、出血大小、裁切尺寸、裁切标记、十字线、色彩控制条、装订方式、爬移调整等。目前应用的主要拼版软件有 Ultimate Technographics 公司的 Impostrip 和 Impress，DK&A 公司的 Imposition 和 Imposition Lite，Scenic Soft 公司的 Preps 和 Luminous 公司的 Presswise 等。

8.1.2 输出工艺流程

（1）图片的扫描与电子分色处理

印刷用的图像资料质量，对输入的要求很高。由于客户提供的图片质量不一，有好有坏，这样对输出中心的电子分色专业技术人员提出了很高的要求：他们不仅要将正常的图片扫好，还要对存在各种缺陷的图片在电分中尽量给予校正。因此从事印前图像输入工作需要经过严格的专业训练和丰富的实践经验，特别是对图片色彩和影调的处理，要求扫描技术人员有特殊的职业敏感，精通色彩理论，对颜色变化判断准确，并具备一定的艺术修养和品位，才能真正地胜任这一工作。

专业的输出中心一般都配备有专业的电子分色系统，并能对图像的输入和处理提供更高层次的专业服务。电子分色机由扫描部分、电子计算机部分和记录部分三大块组成，是现在所使用的一种高档次、高质量的彩色图像输入设备。它的特点是速度快、质量高、输入图像尺寸大。其工作原理是将彩色原稿安装在电子分色机的输入扫描部分上，对它投射非常小的点光，使其透射或反射。用光电倍增管捕捉其透射或反射的光束，转换成电信号输入电子计算机部分，然后以电子手段作各种补偿、校正和调整，如亮度、反差、色相、饱和度、色彩校正、灰平衡、层次校正、底色去除、黑版计算、图像细微层次强调、加网、阴阳图像的转换等等。

(2) 工艺设计

印刷工艺设计是指彩色复制过程中由输出中心负责工艺设计和质量控制的人员根据原稿的性质、用户的要求和生产计划，对原稿和复制要求进行深入解析后，制定出的作业流程及相关规定。工艺设计是一项指导性和技术性极强的工作，是彩色复制各工序工艺的综合应用与合理匹配。它决定着印刷品的印刷质量和生产成本。

一个合格的印刷工艺师，应该熟知所使用的印前设备的基本原理和各种功能，精通制版、印刷工艺流程中的各个环节及相互关系，能不断地吸收和应用新的科技成果来改进和完善现行工艺，最好还要具备一定的艺术素养和审美水平。

专业的输出中心都配有专业的工艺师。在出片之前，工艺师会对每一个设计师或客户送交的出片文件和设计打样稿进行审核，特别是对那些印刷工艺复杂或印后加工程序繁多的产品，工艺师会根据印刷工艺的具体要求，在出片前和设计师共同商讨研究并提出工艺方案，对设计师考虑不周全的地方提出具体的建议或修改意见，以保证输出和后期的印刷、印后加工能得以顺利进行。

另外，工艺师有时提一些为设计师和客户省时省料的建议，避免不必要的浪费。因此，如果一个输出中心有一位热情而又负责的工艺师，常常会吸引许多平面设计师和客户的到来。现在平面设计师对印刷工艺不熟悉的情况还比较普遍，经常会看到一些平面设计新手拿着胶片来到印刷厂后，发现输出的胶片到处都是问题，或根本就不能用。

（3）电脑制作

设计师或客户交送到输出中心的文件磁盘，能够马上直接出片的很少，一般都或多或少地需要输出中心的电脑制作人员根据输出要求进行调整或修改后，才能正式出片。如印刷规线的确定、文件的链接、字体的转换、图像文件的格式与分辨率的确认等等，都必需在出片前一一核实。特别是涉及到比较复杂的印刷工艺的设计，如需要印金、印银、上光等四色以上的印刷出片，以及异型开本或尺寸的设计稿拼版等需要输出中心的电脑制作人员予以仔细的检查或修改。许多输出中心制作人员的电脑操作水平和对平面设计软件的熟悉程度，往往会令许多专业的平面设计师由衷的佩服，他们许多操作上极具实际应用的技巧，是从软件操作手册中学不到的。

另外，有的输出中心还配有专业的平面设计人员，可以直接为客户提供印刷设计服务。

（4）拼大版

为了适合不同幅面大小印刷机的印刷，输出中心通常要将设计师做好的单个页面拼在一起出片，我们习惯上称这种拼版为"拼大版"。

设计师将设计文件和设计打样稿送到输出中心，并将设计和印刷要求告知输出中心的工艺师后，工艺师会根据设计和印刷要求，结合具体的情况（如纸张的开本大小与规格、印刷机的幅面大小、印刷成品的尺寸、组版方式、出血位、页面编排、装订方式、订口宽度、切口宽度等等），画出拼版示意图。如果是书刊类印刷，工艺师会折出样书夹，附在出片工单上，供电脑拼版操作人员进行拼版。所以拼大版实际上是由平面设计师、输出中心的工艺师与电脑拼版操作人员相互配合共同完成的。

在出片中拼版方式的确定由于要考虑到印刷机结构、裁切、装订等一系列问题，是一项具有相当技术含量和难度的工作，具有严格的专业规范和科学性。只有对整个印前、印刷和印后整个工艺有全面了解并具有丰富实践经验的专业技术人员才能真正胜任这一工作。

现在一般常规印刷多为四开版和对开版，组版形式主要有单面组版、双面组版，印刷方式有套版印刷、翻版印刷（即跟头翻或就版翻）等等。拼版方式的正确、合理与否，不仅关系到后续工艺能否顺利进行，而且还会为设计师或客户节省大量的材料费和印刷工时费。

(5) 胶片的质量检查

印刷胶片输出以后，输出中心的技术人员首先要对输出的胶片进行全面检查。如果是彩色印刷胶片，除每张颜色片都要进行细致的检查外，还要将全部色片进行套片检查。专业的技术人员不用印刷打样常常就能直接从胶片中发现各种问题和错误。如果印刷工艺比较简单并且交货时间要求很紧的印品，有时只须经过严格的胶片检查，确认没有质量问题后就可直接制版上机印刷。这样不仅节省了印刷打样的时间，还可以节约打样费用。但按照严格的印刷加工的程序要求，一般不应为了节约时间和打样费用而省去印前打样这一重要的工序。

印刷胶片的检查主要在如下几个方面：胶片上重点内容与原稿是否相符，页码、拼套版是否正确无误，胶片上的印刷规线、色版名称、色条及灰梯尺是否齐全。胶片网点深度和影调层次是否达到技术要求，胶片表面是否干净、均匀、有无划伤、折痕等。

8.1.3 服务与价格

(1) 服务质量

输出中心的工作是一项非常具体、繁琐、专业技术性强、责任重大，且需要有很大的耐心的工作。输出中心的服务水平首先体现在其专业水准上，即能否按客户要求及时优质地完成印刷胶片的输出。与此同时，如果能在技术上尽可能多地给设计师支持，对于外行或半外行的客户，抱以极大的耐心，对任何客户都予以热情的接待等等，这样会使该输出中心成为设计师和客户们爱去的地方。

一个总是质量出错的输出中心，肯定是设计师和客户不愿再去的地方。尽管这些问题也许是设计师和客户自己的过错，因为客户永远都觉得一个专业、负责的输出中心，应该在出片前及时地发现并解决这些问题。一个总是不能按时交货的输出中心，也是设计师和客户不愿再去的地方。一个在输出中心工作过的工作人员，特别是那些需要与客户直接打交道的人，基本上都应该对客户有耐心，有个好脾气。

(2) 输出价格

输出价格是设计师在出片之前选择输出中心的重要因素之一。特别是出片量大时，设计师会在输出价格上精打细算一番。但总的来说，由于现在输出中心的市场竞争很激烈，在输出质量和档次基本相同的情况下，价格一般不会有很大的差别。如果只是几套胶片，没有必要为了几十块钱的差价跑来跑去。输出质量的高低、技术服务水平和准时交货与否，应该是设计师选择输出中心时考虑的最重要因素。

8.2 制版

印刷所需的图文信息经激光照排机输出为印刷胶片后，再将胶片上的图文信息用物理和化学的方法转移到可供印刷的印版上，这一工艺过程被称为制版（又称为晒版）。由于使用的印刷工艺和设备不一样，印刷制版所使用的材料和工艺也各不同，这里介绍常规印刷中平版印刷的制版材料和工艺。

平版印刷使用的版材种类很多，如石版、锌版、铝版、蛋白版、多层金属版等等。自20世纪80年代以来，除PS版外，其他制版方式在我国已经很少使用了。PS版是预涂感光版英文Pre-Sensitized Plate的缩写。它是在经过电解糙化、阳极氧化、封孔等表面处理后的铝板上，均匀涂布一层感光层而制成的预制版。

由于感光层的感光原理和制版工艺不同，又分为阳图型PS版和阴图型PS版。我国目前的印刷企业一般都采用阳图型PS版。

预涂感光版的晒版工艺流程为：曝光——显影——后处理。

8.2.1 曝光

在印版上通过印刷胶片用光照射感光层，使之部分发生光学反应，以获得潜在图像的过程称曝光。将阳图底片有乳剂层的一面与PS版的感光层贴合，置于专用晒版机内，空白部分的感光层在光的照射下发生光分解反应，这就是曝光过程。

8.2.2　显影

用显影液将印版上经曝光形成的潜像显现出来的过程叫显影。显影可以手工显影，也可用PS版显影机进行显影。阳图型PS版显影是用稀碱溶液，溶解掉曝光后发生见光分解的空白部分感光层，版面上只留下未见光的图文部分的感光层，而空白部分露出亲水性的版基。

8.2.3　后处理

阳图型PS版经曝光显影后还要进行除脏、烤版、涂显黑墨、上胶等加工处理。除脏的目的是将版面上除图文以外的多余的规矩线，底版边缘的影印迹、胶纸带影迹、晒版玻璃以及底版上脏点造成的印迹等用除脏液去掉，操作时一般用小毛笔蘸上药液在版面上涂擦，然后用水冲洗干净即可。

烤版的目的是提高印版的耐印力，一般PS版的耐印力为10万印左右，烘烤后的印版耐印力可以提高4~5倍。方法是将经过曝光、显影、除脏后的印版放在230~250C$^{\circ}$温度下烘烤10分钟左右，使感光层的分子结构发生变化，失去了感光性和水溶性，提高耐酸碱性和耐溶剂性，因而大大提高了耐印力。

预涂感光版的感光层由于本身具有颜色，在铝版上显示比较清楚，不用上墨也可直接上机印刷。但涂显影黑墨（将显影黑墨涂布在印版的图文部分）可以增加图文部分的吸墨性。上胶是在印版表面涂布一层阿拉伯胶，使空白部分的亲水性更加稳定，并对版面起保护作用，防止版面受侵蚀。

8.3　印前打样

印刷术语对打样的定义是"从拼组的图文信息复制出校样"。

印刷打样除了是对经过拼版输出为印刷胶片的设计文件进行印前的最后一次全面校对外，也是对设计稿最后的印刷色彩效果的确认。由于在前面的所有设计过程中，设计师和客户都只是通过电脑显示器和电脑彩色喷墨打样来校对、调整和确认色彩，无法真正看到印刷后的色彩效果，因此只有通过印刷打样之后，客户和设计师才能在最后的印刷色彩的效果上取得共识，并以此作为交货时客户验收印刷品质量的凭据和标准。另外，印刷打样稿还是正式上机印刷时印刷技师衡量比较印刷质量的标准和技术依据。

虽然输出中心的专业人员在胶片出来之后可以直接在胶片上发现一些比较明显的问题，但印刷中的许多细节性问题和最后的印刷效果，必须经过胶片打样，才能得到最后的确认。特别是那些页面多、工艺复杂、印刷量大的产品，印前的胶片打样是必不可少的。因此胶片出来后，按照正规的印刷工艺和要求，还要进行一次印刷前的打样。这次打样称之为印前打样。传统的印前打样都是采用机械打样的方式，因此有时也常将印前打样称为机械打样。由于机械打样要求和正式印刷时基本相同的条件下进行（如同类型纸张、油墨、相同的制版工艺及色序等），所以又称为模拟打样。

除机械打样外，还有一种打样方法叫预打样。它是指在晒版之前，用模拟印刷油墨色相的基本色（色粉、色膜等），或用电子方法在屏幕上依据分色片制作色样，用以预先检查分色片质量的方法。预打样不需要印版、油墨、打样机，能在出片之前发现问题并及时予以改正，但目前预打样的效果还远达不到机械打样的水平。随着计算机在印前领域的不断发展和普及，作为预打样方式之一的数码打样技术在硬件和软件上不断地得到改进，现在已经越来越多地被人们所接受。

8.3.1 机械打样

一般服务完备的输出中心都会有专门的印刷机械打样服务，社会上也有专门提供印刷打样的机构。机械打样的工序是按照正式的印刷工序和印刷原理来安排的，包括晒 PS 版、使用正式印刷的油墨和纸张、在专门的印刷打样机上进行打样。印刷打样出来的样稿，从本质上来说，就是完全的印刷品，与正式的印刷品不同的只是使用的印刷设备和印刷的数量不同而已。因此只要印刷打样没有质量问题并得到客户的认可，就可以放心地正式上机开印。

机械打样是常规印刷业务中最普遍运用的打样方式，不同种类的印刷采用不同的打样机。平版打样机结构是采用圆压平的形式，印版上的油墨通过往复运动的橡皮滚筒传递全纸版台上的纸张上。目前采用较普遍的是单色打样机，以圆压平、湿压干形式进行往复回旋运转，而印刷机则是圆压圆，多色机是以湿压湿形式印刷，在印刷效果上难免存在差异。为了使打样与正式印刷的差距缩小，采用单色打样机要严格按操作规程进行。另一方面，多色胶印轮转机打样已成为未来发展的一个方向。

8.3.2　数码打样

机械打样虽然具有以上许多优点并一直被人们所广泛采用，但由于它是手工操作，在调整水量、墨量、压力等时，难以达到统一数据，致使每一样张间都存在差异。另外，机械打样的工艺流程比较复杂，实际上是进行了一次真正的印刷过程。而数码打样不需要胶片、印版、油墨、打样机，它是采用印前系统生成的印前数据传输到 RIP 进行处理后直接在纸张上输出数字化彩色图像信息进行打样，大大地缩短了打样周期。

数码打样系统由计算机系统、RIP、ICC 彩色软件和打印系统构成。目前数码打样系统按打印方式来划分：有喷墨打印、热蜡打印、热升华打印和彩色激光打印系统。

现在最有名的专业数码打样软件是德国的 BEST Color。它建立在诸如EPSON、CANON、HP 等众多通用彩色打印机或彩色激光打印机的基础之上，加上 ICC 色彩管理技术和 RIP 技术，使这些打印机的打印品质大幅提高，打印出的样张完全能够模拟胶印机的印刷样张。BEST Color 4.0 能够将 RIP后的数据在照排输出或 CTP 输出前，先进行打样，以便百分之百地保证作业的准确性。

随着数码打样技术的不断进步和打印价格不断下降，数码打印技术作为印前打样将会越来越普及。

8.3.3　印前的校对与签样

印前打样完成后，设计师首先要认真校对，同时还必须将印前打样稿送交客户做印前的最后一次审查校对，并在认可的印前打样稿上签字后方可上机正式开印。对印前打样的校对主要注重在文字及图形内容的正误核查，图像复制的质量检查和版式的检查三个方面。如果是需要装订的书刊杂志，印前打样后要制作两到三套样书，以便查对在拼版中印夹和页码是否有错。如果是纸盒类的包装印刷品，还需制作样盒并进行综合技术测评。

作为印刷业务的承接方，无论你是印刷厂家还是设计师，都要妥善保管好客户的印前打样签字稿，因为一旦印刷中出现问题，客户认同的签样稿是惟一确定责任方的依据。

第9章 印刷阶段

当客户对印刷打样认可后，接下来就进入了正式的印刷阶段。印刷的任务是将印版上的图文通过印刷机转移到承印物上，从而完成对原稿的大量复制。印刷的种类、工艺和方式繁多，但在各种印刷方式中，平版印刷仍占主导地位，也是平面设计师在日常印刷设计业务中接触和应用得最多的印刷方式。

9.1 平版印刷

在前面的印刷分类中已经介绍过平版印刷是利用油水相斥的原理进行印刷的，因此平版印刷机除有供墨装置外，还有给水装置。在印刷过程中一定要使油、水达到平衡才能印刷出好的产品。平版印刷机有圆压平型和圆压圆型两类，圆压平型印刷机一般采用直接印刷方式，如打样机一般都是圆压平型。圆压圆型印刷机一般采用间接印刷方式，即通过一个中间体——橡皮滚筒转印而获得印刷图文，现在的平版印刷大都采用间接印刷的。所以人们一般也习惯将平版印刷机称为胶印机。无论那种印刷机都要求做到套印准确、墨色匀实、操作方便、安全可靠、经久耐用、速度快捷和成本低廉。平版胶印产品具有色调丰富多彩、能将原稿特征完整地还原在印刷品上等特点，而且成本低、速度快、适用范围广，平面印刷广告设计的产品基本上都能在胶印机上完成。

平版胶印机的机型也很多，可从以下三个角度对它进行分类。

按印刷色数分：有单色机、双色机、四色机、六色机、八色机等。

按承印幅面分：有双全开机、全开机、对开机、四开机等。

按用纸形状分：有单张纸机、卷筒纸机。

有的印刷机还备有干燥装置和折页装置。无论哪一种印刷机，都由输纸机构、印刷机构、输墨机构、输水机构和收纸机构五大部分组成（见图9.1）。

9.1.1 输纸机构

输纸机构又称给纸机构。单张平版胶印机的输纸机构由输纸（台）版、输纸检测器、输纸传动机构、输纸堆快速升降与自动升纸机构和气动机构等组成，高速输纸机每分钟能输纸近200张。卷筒纸印刷机的给纸机构由于印刷速度快、产量大，适用于双面印刷，它的给纸装置是将纸带输出，经传纸辊送入印刷装置。

9.1.2 印刷机构

印刷机构由印刷滚筒、橡皮滚筒、压印滚筒、离合压机构和调压机构（中心距调节机构）等部件组成。为了适应高速、多色、优质的印刷需要，滚筒筒体具有足够的刚度，印版滚筒与橡皮滚筒均需作严格的动、静平衡校检。

9.1.3 输墨机构

输墨机构由供墨机构、匀墨机构和着墨机构组成。输墨机构由墨斗座、墨斗辊、摆动传墨辊、墨斗刀片和墨斗调节螺丝组成。匀墨机构由多根串墨辊、匀墨辊、压辊等部件组成。着墨机构由着墨辊（一般为四根）及着墨起落机构组成。

为了使印刷过程中临时停机前后的印迹墨层深浅变化极小（即水墨平衡波动尽可能小），现在不少现代化的平版胶印机，能根据离压和合压等情况自

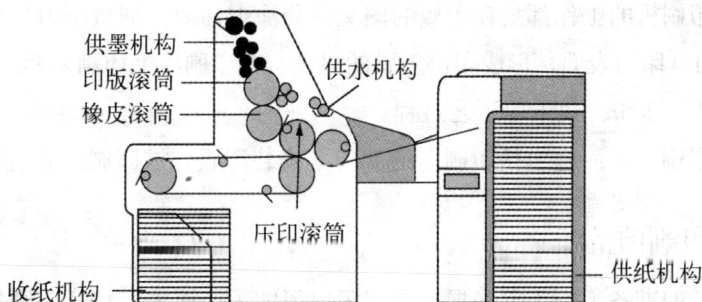

图9.1 平版印刷机主要结构示意图

动调节其水路和墨路的走向与组合形式。

9.1.4 输水机构

在平版印刷中，版面保持适当的水分是非常重要的，胶印机的输水部分由水斗、水斗辊、传水辊、串水辊、着水辊等部件组成。水斗辊、串水辊用金属材料制成，大多镀铬，传水辊和着水辊包以水胶绒。在胶印中，给水的微量调节是非常困难的技术，因此高速多色印刷机和胶印轮转机采用了新的装置。一种是毛刷辊式给水装置，一种是达格伦给水装置。它们通过改进给水方式，调节给水量的大小，使水墨平衡快，稳定性得以提高，清洗更为方便。

9.1.5 收纸机构

单张纸收纸机构有三种方式：一是翻纸拍式收纸装置，一般用于手工输纸的简单印刷机上，速度较慢；二是由链条式输出装置，由链条式收纸装置构成，在低速印刷机上使用较多；自动收纸装置是现在使用最多的形式，在高速印刷时，收纸堆能自动下降，在收纸台上有自动理纸装置。

卷筒纸收纸机构由印纸传送装置、折页装置、收纸装置等组成。卷筒纸在印刷后，需要复卷时有复绕装置，用卷筒纸芯在绕辊上利用摩擦绕卷。一般印好的纸带进入折页装置进行加工。

9.2 平版印刷工艺流程

任何印刷机的工作都是在印版的图文部分涂上油墨，通过压力将油墨从印版转移到承印物表面，形成印迹墨膜的显现。在印刷机上印刷要经过上版、涂墨、给纸、压印、收纸等工艺过程。

平版印刷工艺流程包括印刷前的准备、安装印版、试印刷、印后处理。

9.2.1 印刷前的准备

印刷前的准备工作主要是根据印刷工单了解工艺要求，包括印刷品的开本、印数、印刷用纸规格、数量、加放数，折页、配页、订书方式，规定的天头、地脚、订口、切口的尺寸，使用的油墨及墨色标准等等。

　　平版印刷的工艺复杂，虽然现在胶印机的自动化和电子化程度越来越高，但在印刷前仍要做好充分的准备工作，具体的印前准备工作包括印刷机的检查、印版的检查、纸张的处理、油墨的调配、润湿液的调配、印刷色序的确定、印刷机的调节等。

9.2.2 安装印版

　　将印版连同印版下的衬垫材料，按照印版的定位要求和色序位置，用版夹和螺丝安装并固定在印版滚筒上，称为上版。为保证上版位置的准确，上版前应准确地画好上版定位线，作为印版定位的依据。

9.2.3 试印刷

　　印刷前的准备工作做好后，就可以进行试印刷。在由试印刷进入正式印刷这段时间里，输纸部分、水墨部分尚未完全处于平衡状态。所以试印刷工作主要有：检查印刷机给纸、走纸、收纸的情况，保证纸张传输顺畅、定位准确；校正压力，调整印版滚筒、橡皮滚筒、压印滚筒之间的关系，使压力均匀；调好油墨、润湿液的供给量，使墨色鲜艳，核对版样，符合原稿要求，对规格尺寸做最后检查；印出开印样张，审查合格后即可正式大量进行印刷。

9.2.4 正式印刷

　　印刷是在装版和试印刷完成之后进行的，由压印滚筒对纸张和印版施加压力，将印版上的油墨转印到纸张上的工艺过程。

　　在印刷机快速运转过程中，印刷技师要随时抽取印样，检查产品质量。主要包括套印是否准确（误差不得超过0.1mm），字迹、图文是否清楚，墨色是否符合样张，网点是否发虚，文字线条是否光洁、完整，空白部分是否洁净等。同时，密切注意印版、墨辊、油墨、给水、纸张及机械的各种变化，发现问题及时处理。

　　胶印过程中保证印刷质量的关键是供水装置以最低量的润版药水提供稳定的水分，控制墨斗的供墨量。现在计算机自动控制系统已经被成功地应用到了这一领域，如德国海得堡印刷机采用CQC自动控制系统，罗兰印刷机的CCI系统，日本小森印刷机的PQC系统，都能根据印版上图文的密度，经计算机计算来控制墨斗的输墨量，并能在控制台上通过电钮遥控图形的套准及输墨，大大地提高了印刷品质量，减轻了印刷技工的劳动强度。

9.2.5 印刷结束后的工作

印刷结束后的工作主要包括：清洗墨辊、墨斗、橡皮布、压印滚筒和水辊上的油墨与杂质，清除版面油墨，若继续使用，需在印版表面均匀地涂胶，防止氧化，对成品、半成品按要求做好整理工作，对印刷机进行保养，清扫作业环境。

9.3 金银墨印刷 *

金银墨印刷常称为印金和印银，金银墨印刷是常规设计印刷中常常运用到的一种印刷工艺，它以其富丽堂皇、高贵典雅的艺术效果得到许多设计师、客户以及其他消费者的喜爱。人们过去一般把金银墨印刷归入特种印刷范围，但现在越来越多地应用在普通印刷之中。其使用的设备和印刷工艺与平版印刷相同，我们不妨把它当做一个独立的印刷色来理解。

9.3.1 金银墨的组成

金银墨是用金粉或银粉调制而成的印刷油墨。金粉是由铜、锌和少量的铝等合金制成的粉末，是用机械研磨而成，呈鳞片状，平均粒径为 5μm 左右。因含锌量不同，金粉呈不同的色泽：含锌量在 10% 左右时色偏红，称为红光金粉，含锌量在 25% 左右时色偏青，称为青光金粉；含锌量介于两者之间的称青红光金粉。金粉对光的反射能力强，使印刷具有高光泽。但金粉的化学性质不稳定，遇到酸、碱、硫化物时，即产生化学变化，金墨会变暗变黑。

银粉即铝粉，是采用球磨机粉碎铝箔制得的粉末。银粉粒径约 2～10μm。一般粒径大，光泽强。银粉遮盖力强，化学性能稳定，抗光性也强，基本不受气候影响，耐久性强。但银粉的比重较小，易在空气中飞扬，遇到火星会爆炸，银粉遇酸也会令光泽下降。

---

* 详见王野光主编《印刷概论》，中国轻工业出版社，2002 年版。

金粉和银粉多用于印刷前与特制调墨油调和现调现用。调墨油的连结料是采用特种合成树脂、干性植物油及多种有机溶剂经高温精炼而成。

9.3.2 金银墨印刷工艺

为了保证金银墨印刷图文能呈现出优越的金属光泽性能，采用金银墨印刷工艺时必须注意以下几点：

(1) 印刷色序安排

金银墨尽可能放在最后一色。如果必须在金银色墨上再印其他色墨，则必须防止叠印不上，一般情况下不要进行三次叠印。

(2) 选择合适的底色墨

金银色墨印刷要得到较好的光泽，良好的底色墨层作基础是必不可少的。一般在深颜色的底色上叠印金银色，金属光泽性较好，同时先印的底色墨能够填塞纸张表面的毛细孔，降低纸张的吸墨性能，使金银墨能在纸张表面显现出应有的金属光泽。通过印底色，在底色未完全干燥时即印上金银色墨，可以使金银墨吸附得更牢固。如果不印底色墨，要用金银墨印刷两次。

(3) 掌握实地和线条文字的用墨量

当实地和线条文字同时印刷时，由于在同一印版上，实地与线条对印刷压力和墨量大小的要求不尽一致，二者往往难以兼顾，除在设计制版时要妥善处理外，可以分别制版，分别印刷。如在金银色上印刷图文时，一般将印刷金银墨的印版上的图文部位设计为空白，再进行套印。

供金银色印刷的线条和文字，其线条和笔道不能过小，由于金银色的颜料颗粒比一般油墨粗，转移性传递性较差，易发生糊版和粘脏现象。

(4) 掌握承印材料的印刷适性

金银色墨印刷的纸张要表面平整光滑，吸油性不能过强，一般宜选用玻璃卡或铜版纸，在银色铝箔纸上印透明黄墨，在金色铝箔纸上印稍有颜色的冲淡剂，都能达到印金的效果。塑料薄膜印前要经表面处理，由于塑料薄膜的特性，用于塑料薄膜印刷的金银墨与用于纸张印刷的金银墨材料是不相同的。

9.3.3 擦金（扫金）工艺

印金虽然速度快、成本低，但金属质感和光泽效果均不是很理想。利用烫金工艺进行金属效果处理虽然金属质感很强，但成本高、速度慢。因此现在许多包装印刷采用擦金工艺对印刷品进行仿金处理。擦金是在需印金色的部位先印一层黄色的油墨或粘稠油做底色，在底色未干时将金粉撒在油墨上，然后把未干印底色部分的金粉刷去，使印有底色部位的金粉被粘附。它生产速度较快，如德国生产的专用擦金机，最高可达每小时 7500 张。生产成本较低，而且无论图形线条的粗细或面积的大小，都能获得很精细的效果。

9.4 印刷品的质量要求

质量检查包括对印刷品内容的质量和印刷技术质量两方面检查。内容质量主要指内容的完整性，文字、图形没有变形等现象。技术质量主要指规格正确、套印准确、色彩还原真实、版面墨色均匀、压力均匀和字面整洁等等。

9.4.1 内容

印刷品内容符合印刷工单要求，文字、符号、插图等均无错漏。图像文字完整、清楚、位置准确，无断笔和重印等。

9.4.2 工艺

每块印版的版口、裁口、码底等尺寸符合工单要求，无差错，版芯平直不歪斜。书籍画册印品正反面的字行、页码套印准确，书脊处折标放置准确。精细产品的尺寸误差小于 0.5mm，一般产品的尺寸误差小于 1mm。

9.4.3 阶调、颜色、网点

印刷品图文部分的亮部、中间层次、暗部的影调分明、过度柔和细腻，层次清楚。色彩还原真实，自然协调，符合原稿和设计要求。没有偏色或颜色深浅不准的显现，同批产品，不同印张及印张的正反面墨色一致。印刷网点清晰、角度准确、不出重影。

9.4.4 产品外观

印张完整清洁、版面无订帽、空洞及碎破、折角、油渍、指纹等。细小脏迹、墨斑不影响主体。无明显透印现象，背面不脏。

9.5 出片、印刷中的错误补救

由于印刷设计和印刷工艺涉及的内容和工艺繁杂，并且很多印单往往要求在很紧迫的时间内赶印出来，所以在出片和印刷中出现错误有时也的确难免。

在出片和印刷过程中，有些错误是可以想办法弥补的，以尽量减少经济上的损失，有些办法虽然对产品质量仍有不同程度的影响，但只要客户能够接受（有时是客户方的责任），我们还是可以进行补救，常用的补救方法有如下几种。

9.5.1 印前的胶片补救

印刷胶片出来后，输出中心的技术人员首先会进行一次检查，如果是输出中心的问题，他们会主动地改正或重出。如果是设计师或客户方的责任，通常他们都会及时通知客户并积极想办法并尽力修补。

常用的胶片修补方法有下面几种：

(1) 局部割补

这是胶片修补中最为简单，也是最为常见的一种办法，特别是白底上的单色文字错误，通常采用局部的割补的方法来修改。即将错误的地方用刀片割掉，再将改正后重出的胶片粘补上来。只要粘补的位置准确，这样的修改不会对后面的印刷产生任何影响。

(2) 单色重出

如果四色胶片中某一色胶片错误的地方较多（通常是黑版的文字部分），最好单张胶片整张重出，因为手工操作的割补大多精确度难以保证，有时还会补出新的错误和问题。

(3) 部分四色重出

如果是彩色图片、图案或文字部分出现错误，那就只能四色全部重新出片了。但如果不是整胶片（如对开或四开胶片）的错误，可以只出一套16开或4开片，先将胶片中错误的部分割除，然后将重出的胶片拼接上即可。

如果胶片错误比较严重，错误较多，实在无法修补，应该毫不迟疑地全套重出。一套四色胶片的费用目前也并不很贵，改来改去，有时还会改出新的错误，万一带到后面的印刷中去，将得不偿失。

9.5.2 印后的补救

严格来讲，产品印刷完成之后发现错误，都是没法补救的。任何要求严格的客户，都不会接受印刷后补错的产品。这些补救出来的产品，不说它是废品，至少也是次品。

下面所讲的这些印刷后的错误补救办法，都只能说是不得已而为之，并且还要看客户是否能够接受。当然，如果完全是客户自己方面的原因造成的错误，而他们提出修补的要求，可以采用以下几种方法：

(1) 局部粘盖

这是印刷改错中应用最多的方法，适用于小面积的局部改错。即将有印刷错误的地方重印，并将其覆盖在错误处的上面。如果为了覆盖时操作简单快捷，可以用不干胶印刷。但为了尽量做到与原印刷品颜色一致，最好还是选择与原印刷相同的纸张来印，不干胶的纸张颜色与其他普通印刷纸张的颜色本身就有区别，如果补错的地方是彩印，那么不同纸质上印刷出来的颜色差别会更大。

(2) 局部重印

如果是书籍画册类的印刷，整页出错或一页中错处很多，就只能将该页（及该页所属的印夹）重新印刷。在书籍装订之前发现印刷错误，无疑是不幸中之万幸，重印后再开始装订，对整体的质量不会产生什么影响，只是造成一定的经济损失和延误一定的工期。因此如果时间允许，正式印刷完成后，最好是先装订两本样书，自己和客户再认真校一遍，确认没有问题后，再开始正式的装订。

(3) 粘页换页

书籍画册类的印刷品，在装订完成后发现问题和错误，一般要与客户协商补救办法，客户同意后可以通过粘页或换页的方法进行补救。

如果是采用骑马订方式装订的产品，可将骑马订拆开，取下有错的页面（包括相连的页面），重印后再装订上去。骑马订拆后重装，两次打钉很难完全打准旧钉眼，因此对产品的外观肯定会有一定的影响。重新印刷的部分会造成一定的经济损失，但这也许是客户最容易接受的办法。

如果是胶装的书籍或画册，无法拆后重新装订，惟一的办法是将出错的页面重印之后，粘贴在错误页的上面将其覆盖。或将错误页面裁切掉（离装订线处留出 1~1.5cm 的边线），将重印的页面搭贴到该页留出的边线上面。

(4) 手工涂改

对于印刷中某些局部的、少量的小错误，特别是指白底上的文字错误，如个别字符或标点，可采用手工涂改的方法进行修补。如果修改得好，一般不易看出，常用的手工修补方法主要有如下几种：

A.擦、刮和涂改液的使用。对于纸质表面不很光滑的纸张（如书写纸等），如果只是个别的字符或标点的错误，可用橡皮将其错误处擦掉。对于纸质很光滑并且较厚的纸张，如铜版纸等，可用小刀片将其错误处轻轻刮掉。如果这两种办法的效果都不理想，还可以试试使用涂改液进行涂盖。由于各种纸质及其厚薄不一样，最好是先用这三种方法试一下，再从中选择效果最好的一种。

B.手写、刻模或铅字盖印。将印刷中的小错误处按以上方法去掉后，接下来的问题是怎样将它改正过来。改正的方法根据具体的情况，可以采用如下几种办法：笔划简单的字符和标点，可用吸上相同颜色墨水的钢笔或相同颜色的圆珠笔进行修改。如果字型较复杂，手工改错有难度，可刻制专门的模版或找到字型相同的铅字，进行手工盖印。

(5) 附印改错通知单

有的情况使用以上所有改错方法都不太合适，如精装书，无论是粘补还是挖刮，对整书的外观效果和整体感觉都会有较大影响，特别是错误较多时，以上办法更不可取，在这种情况下，可与客户商量，最好是印刷一张改错通知单或小纸片，夹（或粘贴）在书中。改错通知单上将印刷出错的页码、行数和错误内容说明清楚。同时不要忘记，在改错通知单上向读者道歉。

9.6 印刷厂的选择

9.6.1 印刷厂的规模

印刷厂的规模和类型，主要从拥有的印刷设备档次和数量、设备配套的完整程度、专业技术人员的数量、及日生产能力等几个方面来考虑。我国现有的印刷企业，大致可以分为下列四种规模档次：

(1) 小型印刷厂或店铺

一般拥有小型的单色印刷机，员工在十人左右，主要印刷名片、信纸信封、普通资料和宣传单等简单的小量印件，这类小型印刷店铺一般自身没有能力承接高质量的书刊和彩色印刷业务，但也经常从事这类印刷业务的代理，即接到印单后转交到相应的印刷企业去加工制作。

(2) 中型印刷厂

由十几人到上百人组成，拥有多台单色印刷机或多色印刷机，既可承接小量的普通印件，也可以印制批量较大要求较高的彩色印刷品。有比较完备的机构设置和管理机制。这类印刷公司大都经营比较灵活，服务到位，一般广告公司或直接客户的中小型印刷业务大多委托这类印刷厂家印刷。

(3) 大型印刷公司

拥有多种印刷设备，如单色机、BB机、四色机、六色机、甚至轮转机等。配套有先进完整的印前电分出片、印后加工设备系统和专业技术人员，可以承接大批量和高档次的印刷业务，可实现印前、印中和印后制作加工一条龙的服务。

（4）专业性印刷公司和印后加工厂

专门印制某一特定印刷品种的专业公司。如塑料薄膜印刷、不干胶印刷、丝网印刷、专业的包装印刷等。另外还有一些只负责印刷工艺中某一工序的专业厂家，如输出中心、打样公司、覆膜厂、书籍装订厂、纸盒加工厂等等。

对印刷厂家的选择，应根据印刷业务的具体情况、要求和经费来决定。但无论那一类型的印刷厂家，主要应从如下几个方面来考虑：

9.6.2 印刷设备

印刷设备是印刷质量的基本保证，设计师可根据不同的印刷品内容，选择具有相应设备的印刷厂。如果是高档的彩色广告宣传品、样本、画册等印刷品，最好是选择拥有四色机的印刷厂家。现在一般能够承接高档次印刷品的厂基本上都拥有如德国海德堡、罗兰或日本小森等世界知名品牌的多色印刷设备。大型的印刷企业还会拥有多种机型和印刷及印后加工全自动生产流水线，能为印刷质量和工期提供充分的硬件保证。如果是单色的印刷，选择单色机印刷无疑成本要低很多。如果是单色的双面印刷，拥有BB机的印刷厂家应该是设计师的首选对象。总之，印刷设备的种类、品牌、档次和使用的年限等因素，都会直接对印刷质量产生程度不同的影响，一个长期从事印刷设计的平面设计师首先应该对不同印刷企业的设备情况有全面的了解，再根据具体的印刷业务需要来选择相应的印刷厂。

9.6.3 专业水平

再好的印刷设备，都必需有好的专业技术人员操作使用，才能印刷出好的产品。印刷厂技术人员的专业水平与素质，与印刷设备的好坏一样，是衡量其整体实力的重要因素。我们经常遇到这样的情况，有的印刷厂的印刷设备并不是很先进，但由于有好的管理和优秀的技工，照样可以印刷出精品。而有的印刷厂虽然拥有先进的设备，但由于管理混乱和技术人员水平不高，其印刷质量让人望而却步。因此对印刷企业实力的衡量虽然要看设备状况，但真正的印刷质量评价还是要看最终印刷出来的产品。

9.6.4　印刷价格

印刷价格无疑是设计师或客户选择印刷厂的重要因素之一，厂家取得合理的利润是无可厚非的。因此设计师和客户在选择印刷厂时要懂得基本印刷价格，再根据具体的印刷内容和质量要求，与印刷厂谈定价格。

虽然印刷价格有相应的基本标准，但也与印刷厂家的设备、技术和服务等多方面的因素是密切相关的。有些客户在印刷厂的选择上，只考虑印刷价格不考虑印刷质量，是完全错误的。由于现在印刷行业的竞争非常激烈，有些印刷厂为了拉到印刷业务，不顾自己的生产能力和产品质量是否有保证，进行恶性压价竞争。有的厂家甚至利用偷工减料，或半路加价等方式来补偿恶性压价竞争中所造成的亏损从而使客户造成损失。综上所述，在考虑价格因素时，绝对不能盲目的哪儿便宜就往哪儿走。

9.6.5　加工工期

在印刷业务的实际运作中，客户对印刷品的加工工期都会有明确的要求，对不能如期交货的情况，也会有相应的经济处罚条款。现实中往往许多印刷品对时间要求很紧，所以在选择印刷厂时，必须得到厂家对工期要求的明确承诺。

一个长期从事印刷设计的设计师或广告公司的平面设计部门的业务主管，最好在平时的印刷业务往来中，多结识或联络几家印刷厂，并与之建立起良好的合作关系。否则，如业务联系中长期只固定一家印刷厂，当客户一边在拼命的要货，而印刷厂家的工单又早已经排得满满时，你将会真正体会到什么叫心急如焚、坐立不安。因为好的印刷厂往往不会坐在印刷机旁仅仅等着你的光临惠顾。

第 10 章　印后加工*

　　印后加工（Post-Press Finishing）是指印刷物在印刷机上印刷完毕后，根据印刷品不同的用途和要求，加工成人们所需的形式或符合使用性能的加工过程。主要的印后加工有书刊装订、表面加工（如覆膜、压型、压纹、烫箔等）和纸容器加工等。

　　印后加工常常是容易让那些刚刚涉足印刷业的人们所忽略的工序。虽然对于像招贴和单页广告之类的印刷品来说，只要裁切后就可以直接打包送货，不存在印后加工的问题。但对于像书报画册、特别是象精装书籍、产品包装、邮册等高档印刷品，后期的加工尤其复杂而且重要。

　　有的印刷厂拥有自己的印后加工服务项目及相应的加工车间，但大多数的印刷厂印后加工都是由专业的加工厂来完成的。特别是那些加工程序复杂，专业性很强的印后加工项目，如专业的书刊装订厂、印刷覆膜厂、印刷包装加工厂和纸盒纸箱厂等等。

　　严格来讲，印后加工和印刷是两个完全不同的概念，印后加工所涉及到的工艺、设备、技术、材料等等，远远超过了印刷工艺本身。印刷设计师在印刷业务的运作中，可以委托印刷厂与这些印后加工厂联系，并对全部的后加工质量负责。如果设计师或广告公司的业务主管对印后的加工程序和工艺都很熟悉，对其质量很有把握，也可以直接与相关的印后加工厂联系。

　　印后的加工质量，对于整个印刷品而言，和印前所有的设计、印刷工序一样，都是非常重要的。任何一个印后加工的程序或工艺出现问题，都会给整体的印刷品质量带来影响，严重的错误还会导致全部产品的报废。

　　有的印刷品后期加工特别复杂，涉及到的工艺材料多，加工的工期也很

---

* 本章主要参照王野光主编的《印刷概论》，中国轻工业出版社2002年版，万晓霞、邹毓俊编著的《印刷概论》，化学工业出版社2002年版。

长，有的印后加工费用远远超过印前的全部费用。因此，当你的产品进入这一阶段时，同样不能掉以轻心。

下面介绍在印刷工艺中常用的几种后加工工艺。

10.1　模切压痕

模切（Die Cutting）是以钢刀片根据设计要求的形状排成模（或用钢板雕刻成模）框，在模切机上把印刷品或纸板扎切成所需形状的一种工艺。

压痕（Creasing）是利用压线刀或压线模，通过压力在纸张或纸板上压出痕迹或留下供弯曲的槽痕，以便印刷品或板料能按预定的位置进行弯折成型，因此又称为"压线"。

模切压痕是印后加工和包装制作中最常用的工艺，许多印刷品如各种异形的POP、商标和标签，各种结构的包装盒和包装箱等，都必须通过模切压痕得以实现。

有些印刷品根据产品设计需要，需同时进行模切和压痕，一般情况下都把模切的钢刀片和压痕的钢线组合嵌排在一块模版内，在模切机上同时进行模切和压痕加工，即装刀的地方可将纸切断，而装线的地方则压出折线，我们可以将它称为"模压"。

模压加工操作简便，加工精度高、质量好、速度快、成本低、见效快，被广泛应用在各类印刷品或纸板的成型加工中，成为印刷品成型加工不可缺少的一项重要工艺和技术。

10.1.1　模切压痕机械

用以进行模切压痕加工的设备称为模压机，模切压痕操作是在模切压痕机上完成的。模切压痕机有平压平型和圆压平型，无论那种类型的模压机，其机构主要由模切版台和压切机构两大部分组成。需模切加工的印刷品就放置在这两者之间，在压力的作用下完成模切。

现在模切压痕加工基本上都实现了机械化、自动化甚至运用激光与计算机技术进行控制。能自动给纸、自动模切、压痕、自动收纸，一般速度为1500～

6000 张／小时，国外模切机用电子控制装置，速度达 8500 张／小时，并能自动清除废边。

模切压痕机一般除做模切压痕外，还可用于冷压凹凸，烫印或凹凸电化铝箔以及热压凹凸。

10.1.2 模切压痕版

制作模切压痕版也称"排刀"。排刀是指将钢刀、钢线、衬空材料按制版的要求，拼组成模切压痕版的工艺过程。

模切压痕版的材料有钢刀、钢线和衬空材料。钢刀有单面刀、双面刀，分有细齿和粗齿等多种规格。钢线有圆口线和快口线。衬空材料目前采用金属空铝和胶合板。

模切压痕版的制作过程是先根据产品设计的要求制作底板，并在底版上制出镶嵌刀线的狭缝。然后将按设计要求制作钢刀、钢线铡切成型线段，再将其加工成所需的几何形状，最后进行排刀。

10.1.3 模切压痕工艺

一般模切加工的工艺流程为：上版——调整压力——确定规矩——粘塞橡皮——试压模切——正式模切——整理清废——成品检查——点数包装。

(1) 上版

将制作好的模压版固定在模切压痕机的版框中，初步调整好位置，试压模切压痕效果。上版时要根据施工单和成品样校对印版，确认一切都符合要求后方可上版操作。

(2) 调整版面压力

为使模切压痕加工的产品符合设计和工艺要求，需对版面进行压力调整，即钢刀压力和钢线压力调整。一般先调整钢刀的压力，然后再调整钢线的压力。通常钢线比钢刀要低 0.8mm。准确的压力模切出来的产品要达到切口干净利索，无刀花、无毛边，压痕清晰、深浅适度。

(3) 确定规矩

规矩是在模切加工中用以确定被加工印刷品相对于模版位置的依据。印版压力调好后，应将模版固定，防止模压中错位。规矩位置确定时，应该根据印刷品规格要求合理选定。

(4) 粘橡皮

橡皮粘塞在模版主要钢刀刃口的两侧，利用橡皮的弹性将压印后的印刷品从刀刃口间推出。橡皮一般高出刀口 3～5mm，橡皮的类型选择应根据印版的情况掌握。

(5) 模切压痕、清废、检查

一切调整完毕后，应先模压出样张，并作一次全面检查，在确认各项指标均达到标准后，即可正式开机生产。模切加工后的产品，应将多余边料清除，称之为清废。清理后进行质量检查，合格的产品即可进入后续工序或包装发货。

10.1.4　模切压痕的常见质量问题

模切压痕的产品应该达到切口干净利索，压痕清晰、无刀花、无毛边的质量要求。在模切压痕过程中，经常会出现模切压痕位置不准、模切刃口不光、压痕不清晰，有暗线、炸线，折叠成型时印刷品折痕处开裂、压痕线不规则等质量问题。因此在模切压痕加工中要随时对模版的位置、压力的力度等进行调整，对损坏的钢刀及时更换，以保证模切压痕的质量。

10.2　覆膜

覆膜（Laminating）又称为过胶、贴膜等，属于纸张印刷后的加工工艺。是指将透明塑料薄膜表面涂布粘合剂，与印刷品热压复合，形成纸塑复合印刷品的加工过程。它不仅提高了印刷品的装饰效果，同时还增加了印刷品的耐磨性、耐潮性、耐光性，对保护印刷品起到了重要作用，是在印后加工中经常应用到的印后加工工艺，常用于书刊封面、产品说明书、画册和纸品包装等。覆膜的印刷品一般所用纸张较好，以铜版纸和白版纸最常见，要求纸面平整坚挺。

10.2.1 覆膜材料的选用

用于覆膜的常用塑料薄膜有定向聚丙烯（BOPP）、聚氯乙烯（PVC）、聚乙烯（PE）、聚酯（PET）薄膜等。目前，广泛应用的是新型双向拉伸聚丙烯薄膜（BOPP），它柔韧性、平整度好，无毒性，透明度高、光亮度好，具有耐磨、耐水、耐热、耐化学腐蚀等性能，并且价格便宜。

无论哪种类型的塑料薄膜，其基本要求为：薄膜厚度直接影响薄膜的透光度、折光度、薄膜牢度和机械强度等。根据薄膜的性能和使用目的，覆膜薄膜的厚度应在 $15 \sim 20 \mu m$ 之间，透明度好、光亮度好，具有良好的耐光、耐磨、耐热、耐化学腐蚀的性能，有较高的力学强度、几何尺寸稳定性，薄膜平整，厚度均匀，无气泡和杂质。

10.2.2 粘合剂的配制

目前国内使用的粘合剂品种较多，主要有聚氨酯类，橡胶类以及热塑性高分子树脂等。其中以热塑性高分子类胶粘剂使用效果最好。而溶剂型粘合剂应用较广泛，溶剂型粘合剂基本由合成树脂、溶剂（稀释剂）、固化剂、增塑剂、填料及其他辅助材料配置组成。

为达到良好的复合质量，各类粘合剂应符合以下要求：透明度高、色泽浅、无沉淀杂质，性能稳定、无刺激气味、具有良好的持久接力，使用中易于流动、分散性能好、干燥性好，对油墨、纸张、塑料薄膜均有良好的亲附性，覆膜产品长期存放不易产生气泡、不脱层、不起皱、不变黄。

覆膜粘合剂有单组分、双组分或多组分粘合剂，其中双组分或多组分粘合剂一经配制应该当天用完。

10.2.3 覆膜设备

覆膜使用的覆膜设备有预涂型覆膜机和即涂型覆膜机两大类。

预涂型覆膜机是将印刷品与预涂塑料复合到一起的专用设备。它适用范围广、性能稳定，无上胶和干燥部分，体积小、造价低、操作灵活方便，是使用最广泛的覆膜设备。目前我国已生产出采用计算机控制的先进的预涂型覆膜机。预涂型覆膜机由预涂塑料薄膜放卷、印刷品自动输入、热压区复合和自动收卷四个部分，以及机械传动、预涂塑料薄膜展平、纵横向分切、计算机控制系统等辅助装置组成。

即涂型覆膜机是将卷筒塑料薄膜涂敷粘合剂后经干燥，由加压复合部分与印刷品复合在一起的专用设备。有全自动和半自动两种。其基本结构由放卷、上胶涂布、干燥、复合、收卷五个部分以及机械传动、张力自动控制、放卷自动调偏等附属装置组成。

10.2.4　覆膜工艺

覆膜是一项综合性的技术，涉及到塑料薄膜、粘合剂、溶剂、印刷品表面墨层状况、机械控制及环境条件等。要获得高质量的覆膜产品，必须使以上各方面的条件、因素和状况达到和谐一致。

覆膜工艺按所采用的原材料及设备的不同，分为预涂覆膜和即涂覆膜。预涂覆膜工艺是将粘合剂预先涂布在塑料薄膜上，经烘干收卷后，在无粘合剂涂布装置的覆膜设备上进行热压。即涂覆膜工艺操作时先在薄膜上涂布粘合剂，然后再热压。

覆膜加工工艺，有半自动操作和全自动操作两类。虽然它们在操作方式和生产效率等方面有差异，但其工艺流程是相同的。即首先用辊涂装置将粘合剂均匀地涂布在塑料薄膜上，经过烘箱（道）将溶剂蒸发掉，然后将已印刷好的印刷品牵引到热压复合装置上，并在此将塑料薄膜和印刷品压合，成为纸塑合一的覆膜产品。

10.2.5　覆膜产品的质量要求

覆膜产品应做到膜表面平整、干净、光洁度高、粘结牢固，特别是纸张角边与塑料薄膜没有分开现象。塑料薄膜无皱褶、无起泡和膜痕，特别是在印刷品墨层较厚的地方，不能出现砂粒纹、条状纹、蠕虫纹等塑料薄膜凸起现象。覆膜后分切的尺寸准确、边缘光滑，覆膜后干燥适当，无粘坏表面薄膜或纸张的现象等等。

10.2.6　覆膜工艺应注意的问题

印刷覆膜根据塑料薄膜的表面光亮度分为亮膜和哑膜两种，印刷品在覆膜后其色彩和亮度会有一定的变化，覆完亮膜后的印刷品，色彩会比覆膜前明亮，色彩更加鲜艳明快。而覆完哑膜后的印刷品，色彩会比覆膜前深暗一些，因此设计师在设计时，对准备要覆哑膜的页面，色彩的纯度和亮度应该适当调高一点。

覆膜又分单面覆膜与双面覆膜，顾名思义，单面覆膜是指在印刷品的一面覆膜，而双面覆膜则是在印刷品的两面都覆上膜。一般书籍画册的封面都是单面覆膜，有些单页的印刷品，根据客户和设计的要求，会采取双面覆膜。

200克以下的纸张在单面覆膜后边角会起翘，不能保持平整，严重时会自动卷曲成圆筒状。纸张越薄、湿度大气温低时，越容易发生这类问题。虽然经过一段时间的压放会平整下来，但在给客户交货时会让你非常难堪。因此，最好是采用200克以上的纸张进行单面覆膜，特别是书刊、画册类的封面。

由于覆膜工艺采用的是塑料材料，通过覆膜的印刷品不宜回收和溶解，不利于环保，所以现在有些地方已经开始严禁或限制使用，取而代之的是一种新的工艺，即我们通常所说的上光。

10.3　上光

上光（Varnishing）是指在印刷品表面涂布（或喷、印）一层无色透明的光亮涂料，通过带有温度的电镀不锈钢片加压、干燥固化等加工过程，在印刷品的表面形成一层薄而均匀的透明光亮层，以提高印刷品的光泽度、防水性、耐光性和油墨色彩的耐久性。与覆膜相比，它符合环保要求，易溶解回收。精美的书刊封面、请柬、广告、图片、挂历和包装等印刷品，现在大多选择上光加工。

10.3.1 上光涂料

上光涂料尽管种类很多，但基本组成大体相同，都是由主剂（成膜树脂）、助剂和溶剂三部分组成。

(1) 主剂

主剂是上光涂料的成膜物质，印刷品上光后，膜层的质量及性能，如光泽度、耐折性、后加工适应性等均与选择的主剂有关。主剂分为天然树脂和合成树脂两大类，现在以合成树脂配置的丙稀酸树脂为主，与天然树脂相比，它成膜性好，光泽和透明度高、耐磨、耐水、耐老化，而且适用性强。

(2) 助剂

助剂是改善上光涂料的理化性能及加工特性而需加入的一些辅助物质。如提高上光涂料的流平性、粘着性、耐磨性等。常用的有增加膜内聚强度的固化剂，为提高膜层弹性的增塑剂等。

(3) 溶剂

溶剂是用于均匀分散、溶剂主剂、助剂的物质。常用的溶剂有芳香类、酯类、醇类等。上光涂料的毒性、气味、干燥、流平性等理化性能同溶剂的选用直接有关。

10.3.2 上光工艺

上光工艺是在印刷品表面涂布一层无色透明的涂料，经流平、干燥、压光后，在印刷品的表面形成薄而均匀的透明光亮层的技术方法。

(1) 上光设备

上光设备按加工方式可以分为两类：一类是脱机上光设备，即印刷、上光分别在各自的专用机械设备上进行；另一类是联机上光设备，即将上光机组连接于印刷机组之后，当纸张印刷完成，立即进入上光机组上光。联机上光的特点是速度快、效率高加工成本低，但对上光技术、上光涂料、干燥源以及上光设备的要求都很高。

(2) 上光涂布的种类

常用的上光涂布方法有喷刷上光、印刷上光和上光涂布机上光三种方法。

喷刷上光分为喷雾涂布和涂刷上光涂布两种方法，喷雾涂布是用机械喷雾的原理将上光涂料在印刷品表面喷成雾状，使上光涂料均匀地散落在印刷品的表面，干燥后就形成光滑的膜面。涂刷上光涂布是用专用刷帚在印刷物表面均匀地涂刷一层上光涂料，干燥后就成为一层光亮的薄膜层。此类方法均为手工操作，速度慢，涂布质量不高，但操作方便灵活，适用于小批量和表面粗糙印刷品的上光涂布。

印刷上光通常是利用印刷设备，经改造后用作上光涂料的涂布。即在已经全部完成印刷过程的印刷品表面采用实地印版，按照上光印刷品的要求，印刷一次或多次上光涂料，使印刷品表面结一层光亮的薄膜层。印刷涂布上光一般使用溶剂型上光涂料，该溶剂的挥发速度较快，在印刷涂布的过程中要采取相应的措施，防止出现结膜等现象。

专用的上光涂布机可实现涂布量的精确控制，质量稳定可靠，适合于各种档次印刷品的上光涂布加工，是目前应用最普遍的上光方法。专用的上光涂布机的加工对象一般为平张纸印刷品，按印刷品的输入方式不同可分为半自动和全自动两种形式。其主要结构由印刷品传输机构、涂布机构、干燥机构以及机械传动、电器控制等系统组成。

(3) 压光

涂布于印刷品表面的上光涂料干燥后，利用压光机使其提高上光涂层的平滑度和光泽度的过程叫做压光，因此压光机实际上是专用上光涂布机的配套设备。

压光机由印刷品输送装置、机械传动、电器控制等部分组成。压光机通常为连续滚压式结构。压光加工中印刷品由输纸台输入加热辊和加压辊之间的压光带，在温度和压力的作用下，涂层贴附在压光带表面被压光。压光带是由经特殊抛光处理的不锈钢带焊接而成的环状带，在传动机构驱动下作定向、定速转动，加压辊的压力多采用电气液压调压系统来调节，可以精确地满足各类印刷品的压光要求。

10.3.3 上光质量的要求

为使印刷品获得良好的上光效果，上光涂料层应符合以下要求：

(1) 上光涂布均匀、无漏涂、无气泡、无砂眼现象。

(2) 上光涂层不受印刷油墨性能的影响，涂层流平性好，与印刷品表面有一定的粘合力。

(3) 上光涂布量适合，涂层能在指定温度、涂布速度下完成干燥结膜。

(4) 涂布上光油的印刷品在压光时，能粘附于压光带的表面，冷却后又能容易地剥离开。

10.3.4 影响上光质量的因素

(1) 印刷品的上光适性

印刷品的上光适性主要是指承印纸张及印刷品图文性能对上光涂布的影响。特别是纸张表面的平滑度和吸收性，对上光质量的影响更为重要。如表面粗糙的纸张，涂布时在印刷品表面很难形成平滑、高质量的膜层。所以纸质较差的纸张，为保证上光质量，一般在涂布上光涂料前，先在印刷品表面涂布一层底胶层。而纸张的吸收性会直接影响上光涂料从涂布开始至干燥这一时间内的流平性。

(2) 上光涂料的性能

上光涂料因本身的组织结构不同，对承印物的附着力、粘度、表面张力、挥发性等性能都不尽相同。在相同的工艺条件下，得到的上光效果也就不同。所以，上光涂料的选取是上光质量的一个重要因素。

(3) 涂布的工艺条件

上光涂布中工艺条件的选定，对涂布质量有很大的影响。所以涂布时要调好涂布速度、涂布量、干燥温度，而它们之间的控制调节又是相互关联、相互影响的，因此在上光涂布中必须根据具体的情况，使控制条件符合工艺要求。

10.4 电化铝烫印（烫金、烫银）

电化铝烫印又称烫箔（Foil Stamping）、烫金或烫银，是一种不用油墨的特种印刷工艺。其工艺原理是将电化铝箔（金属箔，一般厚度在 200μm 以下的金属材料称为箔）或颜料箔，通过热压，转移到印刷品或其他承印物的表面，如纸张、皮革、纺织品、橡胶、塑料等。烫印原理见图 10.1。

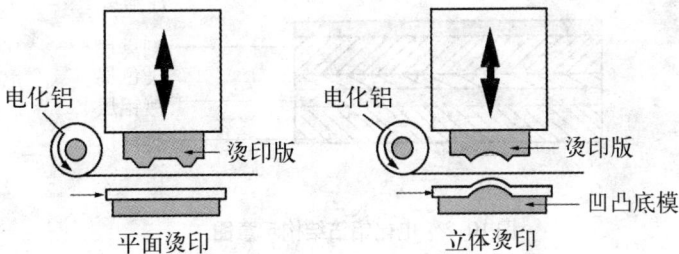

图10.1 烫印原理示意图

电化铝烫印是高档印刷品设计制作中经常使用的印后加工工艺。一般应用在高档的书籍、画册、请柬、和小的精品包装印刷上。它具有强烈的金属光泽，色彩鲜艳夺目、富丽堂皇，其光亮度大大超过印金和印银，使印刷品具有高档华贵的质感。

10.4.1 烫印箔

最早的烫金作业是烫印金属箔。金箔采用金属延展制成，主要品种有赤金箔、银箔、铜箔等。赤金箔使用时间最久，至今仍有少量极贵重的书籍封面烫赤金箔。银箔多用为铺色烫印。铜箔、铝箔作为廉价代用品，有假金、假银之称。自电化铝箔材料出现后，铜箔、铝箔基本不再使用。赤金箔极薄，烫印难度大。

自 20 世纪 60 年代以来，烫电化铝箔已成为最常用的烫印装饰加工工艺。常用的电化铝箔由五层不同的材料构成。依此是片基层、剥离层、染色层、镀铝层和胶粘层。它是以涤纶薄膜为片基，涂布醇溶性染色树脂，经真空喷镀金属铝，再涂以胶粘层而制成的（见图 10.2）。

烫箔除常用的金色外，还有红色、银色、蓝色、橘色、翠绿色、黑色等十几种颜色。随着产品装饰的需要，烫印箔由电化铝箔发展到铬箔、镍－铬箔，色彩更加丰富。并制成了高光、亚光、丝纹、喷砂、大理石、木质、皮革等特种装饰效果的烫印箔，而且有些金属产品、电子产品、塑料制品也用烫印方式装饰，以代替电镀。

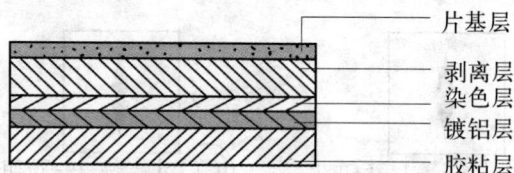

片基层
剥离层
染色层
镀铝层
胶粘层

图 10.2   电化铝箔结构示意图

10.4.2 烫印设备

烫印机就是将烫印材料经过热压转印到印刷品上的机械设备。目前采用的电化铝箔烫印设备主要有平压平和圆压平两种类型，经常使用的是平压平烫印机，因为这种机器压力大，设备操作简单，烫印质量好。按自动化程度可分为手动、半自动和全自动三种。根据整机型的不同，又分为立式和卧式两种。

电化铝烫印机的基本结构主要有加热装置，包括电热板、烫印板、压印板和底版。电化铝传送装置，包括放卷轴、送卷辊和助送滚筒、电化铝收卷辊和进给机构组成。机身机架部分主要有输纸台和收纸台。

10.4.3 烫印版

烫箔使用的印版是 1.5mm 以上的凸版铜版或锌版，铜版的特点是传热性能好，耐压、耐磨、不变形。当烫印数量较少时，也可以采用锌版。烫印版的制版方法与凸版铜锌版相同，

制版时一般要求腐蚀得深些（低于版面 0.95mm 左右），字迹与四边要保持光洁。烫印时把印版粘贴或固定在烫印机的底板上，底板通过电热板受热，

并将热量传给印版，经压印把图文部位的电化铝烫印到承印物表面。

10.4.4 烫印

烫印原理是当电化铝箔受热，第二层（脱离层）溶化，紧接着第五层（热溶性膜层）也溶化，压印时热溶性膜层胶粘承印物，第三层（染色层）与第一层（片基层）脱离，将镀铝层和染色层留在承印物上。

正式烫印前要经过试烫、签样，然后才能正式烫印。烫印温度、压力和速度是决定烫印质量的关键，因此在烫印过程中要及时观察烫印效果，随时进行调整。一般比较平的压力，较低的温度和略慢的车速烫印效果最为理想。另外，电化铝也要与被烫印物品的材料相匹配，否则会出现变色或烫印不上，或图文缺损等问题。

10.4.5 烫印质量要求

电化铝箔烫印最常见的问题是烫印不上、烫印不牢、烫印字迹发毛、缺笔断划、糊版、和烫印图文失真、无金属光泽等。因此电化铝烫印要求烫印压力、时间、温度与烫印材料、封皮材料的质地适当，字迹和图案烫牢、不糊，文字和图案不花不白、不变色、不脱落，表面平整，线条和图案清楚干净。

套烫两次以上的封皮，版面无漏烫，层次清楚，图案清晰、干净、光洁度好，套印误差小于1mm。

10.5 凹凸印

凹凸印（Embossing）是用两块印版把印刷品压印出浮雕状图像的加工方法，又称"扎凹凸"。它的工艺原理是在已印有图文或没有图文的承印物上，不用油墨只利用凹凸两块印版，把印刷品印出浮雕状图像的加工过程。压印出的各种凸状图文具有明显的浮雕感，增加了印刷品的立体效果。凹凸压印机结构原理见图10.3。

压纹所用印版由两部分组成，即凹版和凸版，凹版和凸版成套使用，并要求两版有很好的配合精度。

10.5.1 原稿准备

由于凹凸印是靠强压的作用在印刷物表面形成凹凸图文，所以要求原稿的线条简明，层次尽量减少，使画面主题部分（凸出部分）不宜过多，注意突出画面的立体效果。

10.5.2 版材准备

凹凸印使用的凹版工作时承受压力较大，所以要求凹版所用版材应有足够的强度和刚性。一般情况下，选用铜板或钢板为版材，版材厚度为1.5～3.0mm。另外，为使版材表面光洁平整，应进行良好的预加工。凸版的版材一般由石膏粉和胶水配置而成，为保证压制凸版有一定精度，石膏粉应满足一定的细度要求。

10.5.3 凹凸版

制凹版的方法主要有化学腐蚀法、雕刻法和综合法等。凸版一般采用石膏材料制造。

(1) 化学腐蚀法

按一般制铜锌版的方法制模版，其主要工艺过程是在版材上涂布感光液，用正阳图底片作为原版，经晒版和凸腐蚀而得到凹形的图文。这种方法速度快，操作简便，但这种方法因版面腐蚀深度一致，轮廓不明显，层次较差，有时还应根据需要在腐蚀版的基础上进行雕刻加工。

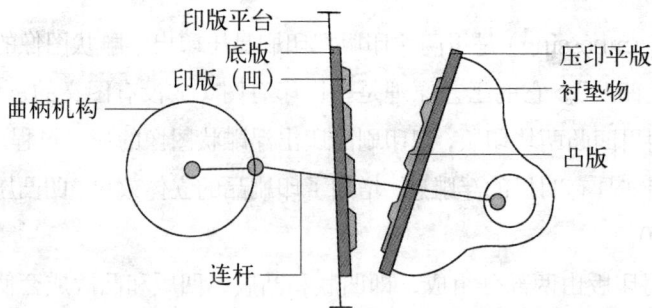

图10.3 凹凸压印机结构示意图

（2）雕刻版

有人工、机械和电脑控制机械雕刻，手工雕刻的方法是直接在 $1.5\sim3mm$ 厚度的铜、钢版上进行图案雕刻。雕刻可按照相晒版或手工描绘的图文痕迹着手，然后按需要雕刻成为有层次的凹凸印版。近年来，随着电子雕刻技术的迅速发展，电子雕刻凹版已经取得了很大的发展。

（3）综合法

综合法是先用化学腐蚀法将印版凹陷部位腐蚀到一定深度，在此基础上，再采用雕刻法对印版上的图文进行精细加工，使其达到雕刻版的效果，此种制作方法应用在铜版较多，要求较高，立体感较强。

（4）石膏粉制凸版法

石膏粉制凸版法是先将石膏粉用强力胶水搅拌成浆状，然后将石膏浆涂布在需要做凸版的机器凹版上，数十分钟后，再将凹版分离，即形成一个石膏凸版。石膏凸版的优点是密度较强，制作成本低，速度快，但石膏凸版不耐用。

10.5.4　压印

压印一般在平压平型凸印机或专用压凸机上进行，其操作方法与普通凸版印刷相同。压印时根据压印图文面积大小和凸起的高度等因素合理调整压印力，同时进行规矩定位。试压数张无误后签样，方能正式压印。

凹凸印所用承印材料大多为厚纸或纸板。为获得精细的凹凸图文，进一步提高压印效果，可适当调整机器的转速，即机器的转速要比印刷速度低，压力要比印刷时大。也可在压凸时将凹版加热。加热温度一般在 $50\sim60C^{\circ}$。

在压印过程中，如发现凸版衬垫损坏或局部压力不理想，，图文轮廓不清晰等现象，应及时停机进行调整，确认正常后方可继续压印。

10.6　书刊装订

将印好的书页或书贴加工成册称为装订（Bookbinding）。装订是书刊类印刷的最后一道工序，也是印刷后加工中应用最多、工序最复杂的加工工艺。

书刊杂志、画报画册、票据账本等印刷品，都必须装订成书（册），使之便于阅读、保存和使用，整个印刷工艺才算完成。装订根据印刷品不同的要求有多种形式以及不同的档次，加工工艺也多种多样。

长期以来装订工艺技术一直落后于制版和印刷技术的发展，在印刷加工行业内人们通常习惯性地将它划入劳动密集性的手工操作工艺。随着科技的发展和进步，越来越多的高新科技被应用到了印刷装订工艺中来，装订工艺已经开始向机械化、联动化、自动化发展，使印刷品的装订质量和速度不断提高。印刷装订的质量直接影响到印刷品的整体水平，同时也直接反映出一个国家印刷工业发展的综合水平。

最常见的书刊装订方式有平装、线装、胶装和精装等。

10.6.1 平装

平装（Paper-Cover Binding）是书籍常用的一种装订方式，其特征是软封面以齐口为多，也有带勒口的。平装工艺简单、价廉、实用。目前国内普遍采用的平装书芯装订方式有骑马订、缝纫订、锁线订、无线胶粘订、塑料线烫订、铁丝订等。

(1) 骑马订

用骑马订书机将套贴配好的书芯同封面一起，在书脊上用两个铁丝扣订牢成为书刊。采用骑马订装订书刊，工艺流程短、出书快、成本低，但装订时书芯不宜太厚，而且铁丝订容易生锈，牢度不好，不利保存。

骑马订广泛用于期刊、画报、练习本等印刷品的装订。随着印刷科技水平的提高，国内大型印刷厂已经采用骑马联动订书机。即由搭页、订书和切书三个机组联合组成。工作时完成配、订、切的工作。自动化程度高，并设有质量检查控制装置和光电计数器，提高了装订效率和质量。

(2) 铁丝平订

铁丝平订是一种应用最广、生产效率高和成本最低的装订方式。其装订方法是用铁丝订书机在已经配好的书芯靠近书脊3～5mm 的订口处，用铁丝穿过书芯，在书芯背面弯折订牢。

虽然铁丝平订生产效率高、出书快、成本低，但铁丝受潮易产生黄色锈斑，影响书刊美观，易使书刊破损。铁丝平订一般用于较厚的书刊，它订成的书册书脊平整、美观。

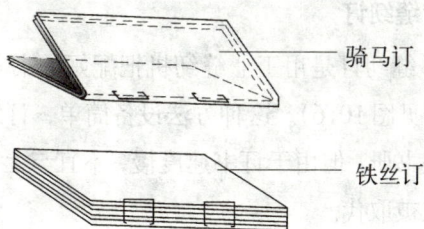

图10.4　骑马订、铁丝订示意图

使用铁丝装订其质量要求是铁丝的线径与书册厚度要匹配；平订的订铜与脊背距离要适当；订后的书册无重铜、坏铜、漏铜，要订透；订铜弯角不出尖；订脚与订后的书册要平服整齐（见图10.4）。

(3) 锁线订

将配好的书贴按顺序用线沿折缝穿联起来，并使各帖之间互相锁紧成册的订书方法叫做锁线订（如图10.5）。

锁线订是一种历史悠久的订书方法。此方法订书质量高、用途广、牢固性强，可以装订各种特厚的书籍，书芯不占订口，便于阅读。锁线加工后的书芯可制成各种装帧方式的书籍，锁线订多用于平装、精装及各种大型画册等。

锁线订的锁线方式有平锁和交叉锁两种，其中平锁又分为普通平锁和交叉平锁。

锁线订的加工方式有手工锁线和机械锁线两种。目前我国绝大部分专业装订厂家都基本上实现了机械锁线订书。锁线机分为半自动和全自动。半自动锁线机是由人工送贴的，全自动锁线机能自动完成送贴和锁线工作。自动功能较为完善的综合自动锁线机，能自动搭贴、送贴、锁线、粘纱布、分本割本，并设有多贴、少贴、乱贴、错贴、断线等质量检查控制和计数装置。

图10.5　锁线订示意图

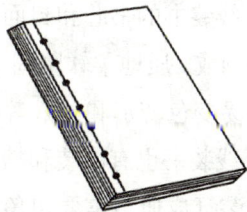

图10.6　缝纫平订示意图

(4) 缝纫订

缝纫订是用工业缝纫机把配好的书芯沿靠近书脊的订口处订牢的订书方法（见图10.6）。这种方法设备简单，订线不怕潮湿，可以订缝各种开数的单双联书册，但由于订书速度慢，不宜与上下工序组成联动生产线，因此缝纫订正在被取代。

(5) 塑线订

塑线订是继无线胶订之后发展起来的装订新工艺。它是综合骑马钉、锁线订、无线胶订的装订技术而形成的新工艺。它的特点是既折又订，既适合平装书册又适用精装书册。

塑线订的工艺过程是在折页机进行最后一折之前，在每一书贴的最后一折折缝里面向外穿出一根用人造丝、丙纶为原料，特制的塑料线，使塑料线的端形成订脚，并在订脚处加热，使塑料线熔融，并沿折缝与书贴粘合，然后进行最后一折的折页，折成塑料线烫订书贴。为了增加书芯的牢固度，在书芯背脊再粘上纱布。

塑线装的工艺特点是书芯中的书贴要经过两次粘结。第一次粘结是塑料线订脚与书贴纸张的粘结，第二次粘结是用无线胶订将塑料线烫订的书贴粘结成为书芯。

塑料线烫订胶粘装订方法既可装订平装书刊，也可装订精装本。

10.6.2 线装

线装（Chinese Traditional Thread Sewing）是我国目前书籍装帧形式中最古老的一种方法。它是用线把书页连封面装订成册，订线露在外面的装订方式，也称为本装或古线装（见图10.7）。

线装书的书芯和封面所用纸张一般为毛边纸（即连史纸）、宣纸，其纸用竹浆制成，质地柔软坚固细微，装订时很少使用胶粘材料，因此线装书具有久藏不易变色变形和防蛀等特点。

线装书也有简装和精装之分。简装书加工时不包角，不勒口、比裱面，精装书装订成册后需要包角、勒口，封面用料考究，一般用布、绸、绫、缎面等。如果一部线装书是由几册组成，书册还用比较精致的函套或书夹包装，具有庄重典雅的独特风格。

线装书的早期采用木刻水印，现在采用凸、平版印刷，书面规矩基本达到标准化。线装书加工基本上是手工作业，装订过程主要包括以下几道工序：

（1）理纸与开料

由于线装书用纸质软而薄，理纸比较困难，加上印刷时空位规矩没有铅印那样一致，所以要把印张理齐后再进行开料，开料要根据折页的方法来裁切，这些操作工艺过程也称为揭书。

（2）折页

线装书的书页一面印刷图文，一面是空白，折页时图文在外，占两个页码。一般书页在折缝都印有"鱼尾"标记，折页时要把印有鱼尾的标记或黑线边作为中缝折页的标准线进行折页，书口居中，书页不能歪斜。

（3）配页

线装书配页方法，一般采用平装的拣配方法，在配页前，先把页码理齐，然后逐贴配齐。另外还可用老式撒配和捏配的方法，即先将每版书贴过数，然后根据页码从大到小依此逐页叠加，将书贴排列成梯形。操作过程中要随时把破页、缺字、错字和有油污的书页挑出。同时防止多贴、漏贴和错贴的现象出现。

（4）散作与齐栏

经过配页后的书册，由于书页规矩不整齐，不能用撞纸的方法来理齐书页，只能手工将书页逐张理齐，这种操作叫做散作，发现栏脚不齐，逐张理齐栏脚的过程叫做齐栏。齐栏前要将书贴前口折缝刮平服，注意无漏齐、无歪

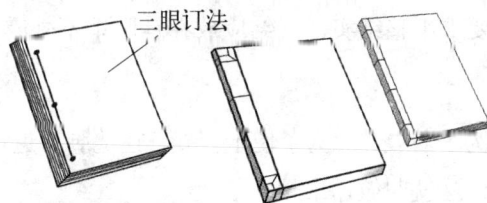

图 10.7　线装书示意图

斜。现代印刷的线装书页，规矩准确，此工序可以省掉，经配页撞齐后即可打眼。

(5) 打眼

将已整好的书册按规矩以订口边与地脚边定位打洞叫做打眼。线装书装订要分两次打眼，第一次是书芯打眼两只，称为纸眼，主要是起定位的作用。第二次是打线眼是在书芯与封面配好粘牢并经三面切光后，此时打眼分四眼和六眼。纸订眼的位置在书籍订口的中间，天头和地脚各占书长的三分之一，打眼时要求眼空要垂直一致，不歪斜，书册整齐不变形。打眼操作过去用手工打眼，现在均由打洞机加工，方便、准确、质量好。

(6) 串纸印

串纸印是线装书装订的特有工序，其目的是使散页理齐后定位，便于裁切和串线加工。纸钉用长方形的连史纸切去一角捻卷成钉子形状。纸钉穿进纸眼后，纸钉弹开，塞满针眼，达到使散页定位的目的。

(7) 切书

按规定尺寸按正栏脚，撞齐口子，在三面刀上对准上下规矩线切书。切书时不能有偏刀，天头、地脚不能歪斜。如果一部由几册组成的书，为了减少书籍裁切时产生的误差，还应该将各册依此配成整部，在同一位置进行裁切，以保证其规格的一致。

(8) 穿线订书

经打眼后的书册，即可穿线订本。线装书的穿线方式繁多，目前穿线以丝线和棉纶线为多。在穿线时，两眼订线要平行，不能绞扭或者分离、重合。如需包角，应在穿线之前把绫子包在订线的两个角上，以使书籍更加结实、美观。订好后的书要求平整结实，线结应放在针眼里不外露。

(9) 印书根

线装书一般为平着叠放，为了便于查找，在地脚靠近订线一边印上书名、卷次和册数字样，这就叫做印书根。

(10) 书函的加工

线装书的书函是起着保护书册和装饰的作用。书函的形式和结构很多，材料一般为木板、厚夹板和纸板做成，外表用织物裱牢，再安装上销空和攀带等小配件，贴上书名签条，书函就算制作完成。线装书籍装入书函后，除天头和地脚能被看到外，其余四面都被书函遮盖。

线装书籍的制作加工几乎全部用手工操作，速度慢、成本高，不适用大批量的工业化生产。因此，随着印刷技术的发展，已被精装、平装所代替。现在只有一部分历史资料、古籍书刊和旧书的整理需用线装形式装订成册，以保留线装工艺的传统特色和古典风韵。

10.6.3 胶装

胶装是随着化学胶料的发展而成的一种装订形式，是目前我国普遍采用的装订手段。胶装过去使用手工配页，部分单机操作，随着印刷科技的飞速发展，现已发展到使用联动机胶粘装订，实现了联动化、自动化。

胶装工艺亦称"胶订"，也称"无线胶订"。它使用胶粘材料将每一贴书页沿订口相互粘结为一体的固背装订方法。胶订书册与锁线书册一样具有不占订口、翻阅方便、生产效率高等优点，是一种大有发展前途的装订方法（如图10.8）。

无线胶粘装订的方法主要有切孔胶粘装订法、铣背打毛胶粘装订法和单页胶粘装订法三种。无线胶粘装订的主要工艺流程为：配页、震齐、铣背、刷胶、粘纱布、包封面、烫背、裁切等工序。

(1) 粘胶剂

无线胶粘装订使用的粘胶剂主要是聚乙烯醋酸乙烯热溶胶，不同种类的热溶胶其粘结性能也不一样。热溶胶在预热熔器中和胶锅中的温度以及上胶时的温度，是保证无线胶粘装订质量的关键。无线胶粘装订使用的粘胶剂除聚乙烯醋酸乙烯热溶胶外，另外还有聚醋酸乙烯乳液冷胶。

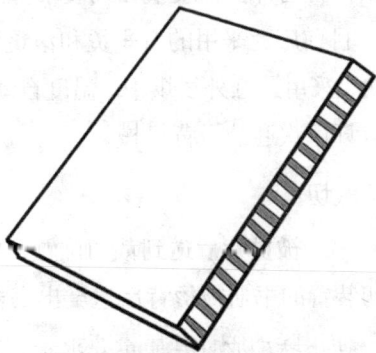

图 10.8 无线胶订书芯示意图

(2) 配页与震齐

胶订联动机的前车配页部分与其他平装书芯配页操作相同。经过配页工序后，配页机将配好的一本本书芯，由传送链拨辊带动，将书芯立起，先撞齐天头和地脚，后震齐书背，由托书轮将书芯送到定位台上，以待后续加工。

(3) 铣背

铣背即用铣刀或锯刀将书芯后背铣开或铣成沟槽状的工作过程。书背的铣削和打毛，是影响无线胶粘装订牢固度的主要因素，书背经过铣削和打毛后，纸张边缘的纤维松散并形成粗糙的表面，提高纸张和胶液的粘合力，达到联结书芯的目的。

(4) 刷胶与贴纱布

书芯被铣开书背后，送到刷胶部分进行刷胶，书背上胶层的厚度一般控制在1mm左右。上胶之后在上面粘贴纱布，为了增加胶装书册的牢固性，粘贴纱布卡纸时，纱布宽度不可过大过小。

(5) 包封面

包封面是书背粘贴纱布卡纸后，进行二次刷胶粘贴封皮的工作过程。粘封面时要求封面与书芯粘合后，书背的文字或印框位置准确，书背的上下两端要符合标准。

(6) 烫背

烫背是将平装书籍包好封面后的书背烫平烘干。只有平装书籍需要烫背加工，骑马订、精装书和线装书都不需要进行烫背加工。

目前广泛采用的有平烫和滚烫两种烫背形式，其中滚烫式烫背机烫背速度快，采用远红外线烘干，温度自动控制，耗电量少，预热时间短，是现在最受装订厂欢迎的烫背机械。

(7) 裁切

书册被烫背后送到裁切位置，根据书的规格进行裁切后送至出书台。无裁切装置的书册被烫背后送至出书台，由手工进行裁切。

使用联动胶订其质量要求是：配页配出的书芯要保证正确，粘胶剂应粘度适当，书背纱卡贴准，无干胶、贴歪、漏贴现象，书册装订后，封面不起泡、字正背平，无杠线、不变色、外形平服美观。

10.6.4 精装

精装（Hard-Cover Binding）书册的装帧、装潢比平装书籍精致美观，装订结实，书芯保护牢固耐用。精装书册的加工与平装书册的加工区别，主要在于精装书册的书芯和封面都是经过精致造型加工的。特别是书封的面料一般选用丝织品、漆布、皮革、塑料等，粘贴在硬纸板表面，制成书壳（Book Case），再压印上各种文字和花纹图案，更显得美观大方。精装用于经典著作、精美画册或经常翻阅的工具书等高级书籍。

精装书册的装订工艺分为三个主要阶段：书芯加工、书壳制作和套书壳。

（1）书芯

书芯制作中的裁切、折页、配贴、锁线与切书等工艺，基本上与平装书册的装订工艺相同。在完成这些工序之后，应该进行精装书芯特有的加工过程，其工艺要求与精装书的装帧形式和结构有关。精装书的装帧形式和结构主要有圆背有脊、圆背无脊、方背无脊、方背有脊和硬背、软背、腔等多种。精装书芯的加工工艺流程主要为压平、刷胶、干燥、裁切、扒圆、起脊、贴背等。

A.压平。压平是在专用的压书机上进行，主要目的是排除经锁线成册的书芯书页之间的空气，使书芯整幅面结实、平服以提高书籍的装订质量。书籍的装帧方式不同，压平的要求也不相同，如精装书的压力可以轻一些，特别是圆背书芯，这样有利于后续扒圆的加工。

B.刷胶。在压平后的书芯书背处第一次涂刷一层稀薄胶料，以使书芯基本定型，在下道工序加工时，书贴不发生相互移动。书芯刷胶分为手工刷胶和机械刷胶两种。

C.裁切。经刷胶基本干燥后的书芯，进行裁切，成为光本书芯，以备套书壳。

D.扒圆。书芯由平背加工成圆背的工艺过程称为扒圆。是圆脊精装书在上书壳前，由人工或机械把书芯背脊部分处理成圆弧形的一种书芯加工过程。扒圆后整本书的书贴能相互错开，便于书芯翻阅、摊平，提高书芯的牢固程度和书芯与书壳的连结强度。

　　E.起脊。把书芯用夹板夹紧压实，在书芯正反两面接近书脊与环衬连线的边缘处，压出一条凸痕，使书脊略向外鼓起的工艺叫起脊。起脊高度与书壳硬纸板厚度相同，其作用是防止扒圆后的书芯回圆变形。起脊的加工方式分手工和机械两种，手工起脊称为敲脊，机械起脊称为扎脊。

　　F.贴背。在经过扒圆、起脊后的书芯的背脊上的粘贴书签带、纱布、堵头布、书脊纸的工艺叫贴背。贴背的作用是将书脊加固、遮盖缝线、美化书芯。贴背也称三贴，即粘纱布、粘堵头布、粘书脊纸。粘纱布能够增加书芯的连结强度和书芯与书壳的连结强度。堵头布粘贴在书芯背脊的天头和地脚两端，使书贴之间紧紧相连，增加了书籍装订的牢固性，又使书变得美观。书脊纸粘贴在书背平整居中的位置上，粘贴要平服无皱，不起泡。

（2）书壳制作

　　精装书的封面称为书壳（Book Case），除塑料压制的活套书封以外，还有整料书壳和配料书壳。精装本的书壳制作多以手工完成，现在已有相当部分采用精装书壳机制作。

　　书壳的面料分整料书壳和配料书壳，整料书壳是由一张完整的表层封面材料，将封面、封底、背脊连在一起制成的书壳，通常使用的材料有各种织品（绸、缎、布、麻、人造革）、皮革、纸张、漆涂纸、塑料等。配料书壳的封面表层一般由前封、后封、背脊衬三块材料拼合而成。

　　做书壳时，先按规定尺寸裁切封面材料并刷胶，然后再将前封、后封的纸板压实定位，称为摆壳，包好边缘和四角，进行压平即完成书壳的制作。

　　书壳制好后，在前封、后封和背脊上用烫印、压凸等方法将书名和美术图案印上。书壳整饰完后，还需对书壳进行扒圆，其目的是使书壳的背脊成为圆弧形，以适应书芯的圆弧形状。

（3）套壳

　　把书芯和书壳相互接在一起的工作叫做套壳，也叫上书壳。套壳有三种形式：硬脊装、腔脊装和柔脊装（见图10.9）。上书壳的方法分为手工上书壳和机械上书壳。

手工上书壳是先在书芯的一面衬页外面涂布一层胶水，再把书芯放到书壳中规定位置，使书芯与书壳一面先粘牢固，再按此方法把书芯的另一面衬页也平整地粘在书壳上，整个书芯与书壳就平服地连接起来。

硬脊装订

机器上书壳法是在上书壳机工作时，将机器上很薄的金属片制成的挂书板插入书芯，并带着书移动，经过涂胶装置时，胶水均匀地涂布在书芯前后衬页的外面。挂书板带着书芯继续移动并与书壳相遇，于是书壳便套在书芯上，书芯以它衬页上的胶水将书壳粘牢，成为一本完整的精装书籍。

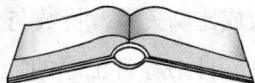

腔脊装订

柔脊装订

图10.9 精装本套合形式

无论用何种方法套合的精装书籍，都要经过压脊线机，在前封和后封靠背脊的边缘压一条凹槽，其作用是保护书芯不变形，造型美观，翻阅方便。

精装书籍装潢美观，经久耐用。但它的装订工序多，工艺复杂，过去多为手工操作，装订速度慢、效率低，远不能满足市场对精装书籍的需求。目前许多装订厂采用精装生产自动化或精装联动生产流水线，能将经过锁线或无线胶订的书芯进行连续自动流水加工，完成书芯供应、书芯压平、刷胶烘干、书芯压紧、三面裁切、书芯扒圆起脊、书芯刷胶粘纱布、套壳、压槽成型直到最后输出成品，大大提高了生产效率。

10.6.5 书芯加工

书刊的装订实际上包括"订"和"装"两大工序，订就是将书页订成本，是书芯的加工；装是书籍封面的加工，就是装帧。书芯的加工主要是折页和配页，任何书籍装订方式，几乎都首先要经过这两道工序，才能进入后续工作。

(1) 折页

折页（Folding）是将印刷好的大幅面页张按照页码顺序、版面规定及要求，用机械或手工折叠成所需幅面的工作。折页是书刊装订的第一工序，折页方式多种多样，但都应根据页张版面排列不同而定，即怎样排版就应该怎样折叠。折页方法大致可以分为以下三种：

A.垂直交叉折页法。垂直交叉折也称"转折"，即前一折和后一折的折缝相互垂直交叉，垂直交叉折法是折页方法中应用最多的方法，其特点是折数与页数成比例关系，折数与页数、版数都具有一定的规律，书贴的折叠、粘页、配页、订书等各工序的加工都很方便。

B.平行折页法。平行折也称"滚折"，即每一折的折缝都和前一折平行，平行折有三种形式：一是对折，即按页码顺序对折后，再顺同一方向继续对折的方法；二是包心折，即按页码顺序和要求，折好第一折后的页码夹在中间再折第二折或第三折的方法；三是扇形折，即按页码要求，折好第一折后，将页张翻身再相反方向依顺序折第二折，依此来回折叠使折叠呈相互平行状。

平行折一般适合于纸张比较厚的印刷品，如少儿读物、图片、字贴、零散页张及偏开、导开等页张。

C.混合折页法。在同一书贴中，各折的折缝既有平行，又有垂直交叉，这样的折叠方式称为混合折，也称"综合折"，这也是应用较广的折页方法，用机械所折成的书帖大部分采用这种形式（见图10.10）。

折页分为机械操作和手工操作。目前大部分已采用机械折页，还有一些小批量的和一些特殊折法的书贴，要用手工折叠来完成。用机械代替手工折页的机器统称为折页机（Folding Machine）。折页机的折页形式有刀式折页机、栏式折页机和刀混合式折页机三种。

A.刀式折页机。有全张和对开两种，一般普遍采用全张刀式折页机折页。

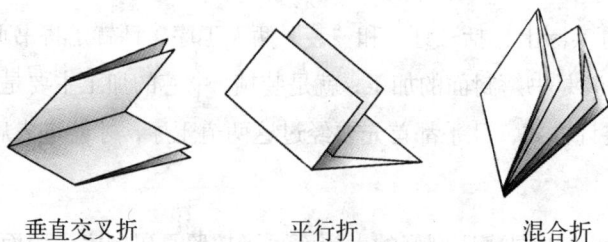

| 垂直交叉折 | 平行折 | 混合折 |

图10.10 主要折页形式

折页时是采用折刀将纸张压入旋转着的两个折页辊的横缝里，通过两个辊与纸张之间的摩擦力来完成折页过程。刀式折页机的折页方式为垂直交叉的二折面、正反三折面、四折面、双联页等。刀式折页机适合用于 $40\sim100g/m^2$ 的新闻纸、凸版纸、胶版纸等类纸张的折页，折页精度高。全机从给纸、折页到收贴的全过程是自动进行的，操作比较方便。

B.栅式折页机。该机的工作原理是使运动的纸张通过折页辊沿着栅栏往前运动，直至挡板，在折页辊的摩擦作用下，纸张被变曲折叠成型。栅栏式折页机的特点是机身小、折页速度快、操作方便，但所能折叠的幅面较小，一般为对开，加工的纸张不宜太薄，否则会影响折页精度。

C.刀混合式折页机。同一台折页机的折页机构，既有刀式又有栅栏式，称为　刀混合式折页机。该机一般分为对开和四开，它可以折 $40\sim100g/m^2$ 的新闻纸、凹版纸、胶版纸、铜版纸。其折页速度也比刀式折页机快，整个折页过程都是自动进行的，可达120贴／分钟。

卷筒纸轮转机的折页装置附设在印刷机上，将印刷后的印张同步输送给折页装置，按开本规格尺寸和页码顺序进行折叠并裁切。

无论手工折页还是机械折页，其质量要求是无折反、无颠倒、无套贴、无双张、无白版、无折角，折标要居中一致，书贴表面无油脏、无撕页、无死折，书贴折后要平服整齐。打捆要结实、无串号及串捆现象，以保证书刊的装订质量。

（2）配书帖

将折叠好的整个书的书贴按顺序要求配齐全，使之组成册的工艺过程，称为配贴（Collating），也称"配页"和"配书芯"。除单帖成本外，各种书刊都必须经过配贴的过程才能成本，配贴的方法可分为套贴法和配贴法两种。

A.套贴法。就是将一个书贴按页码顺序套在另一个书贴的里面（或外面），成为一本书刊的书芯，最后把书芯的封面套在书芯的最外面，供订本成书。套贴法一般用于期刊杂志或小册子，而且常用骑马订方法装订成册。

B.配贴法。就是把整本书的书贴按顺序一贴一贴地叠加在一起，配集成一本书的书芯，供订本后包封面，该法常用于平装书、精装书或无线胶粘订的书刊。

配贴的工作可以用手工操作，但现在大多数由机械完成。手工配贴时，先按书贴位置的顺序一叠一叠地排在工作台上，然后按照顺序从每一叠书贴上取下一贴，配成书芯，劳动强度大，效率低，只能适合小批量生产。因此，配书芯的工作主要利用配贴机完成配贴的操作。机械配贴是利用配页机代替手工，配贴机有一条很长的传送带，传送带的上方固定有存放书贴的贮贴台，贮贴台用若干挡板隔开，将待配书贴依顺序放在挡板中，机器运行时，吸嘴将挡板内最下面的一贴书贴向下吸一个角度，由叼贴装置将此书贴叼出送到传送带上。

为了防止配贴出差错，印刷时在每一个印张的贴脊处，都印有一个被称为折标的黑色小方块。折标在配好后的书芯的背脊呈阶梯状标记。检查时只要发现折标形成的阶梯不成顺序，即可发现并纠正配贴的错误。

经过配贴后，除锁线订以外，应将配齐的书芯扎捆，在背脊上刷上稀薄的胶水或浆糊，干燥后可使整本书的书贴初步粘连，方便后续的订书加工。

10.6.6 书面加工及切书

(1) 包面

经过折页、配贴、订合等工序加工的书芯，除了骑马订以外的平装书册，订成的书芯还得包上封面，成为平装书籍的毛本。

包面也叫"包封"或"裹皮"。包面有手工包面和机械包面两种。手工包面是经过折封面、书背刷胶、粘封面、包封面、刮平等工序。手工包面劳动强度大，生产效率低，现在已经很少使用了。机械包面使用的是包封面机 (Book Covering Machine)，包面机分圆盘式包面机和直线式包面机。它们能将缝纫订、铁丝平订、无线胶粘装订、锁线订等订制好的书芯包粘封面，然后再传送到烘背机加压、烘干，使书背平整。

平装书籍包面要求封皮不能颠倒，不能错装，背脊粘贴要牢固平服，不能有空气泡、拖浆或皱皮，包本时书背字与框线准确无误，要包紧、包正，烫背要平整牢固、无空套、变色、杠线。封面应清洁完整，不能有污点、破损、折角和折皱等现象出现。

（2）切书

将经过加压烘干，书芯平整的毛本书或精装书芯半成品用切书机将天头、地脚、切口按开本规格裁切整齐，使毛本变为光本叫做切书。三面裁切的目的是使书刊的开本符合设计的幅面尺寸规定，便于阅读并使书刊具有整齐的外观。

切书由裁切机械来完成，裁切机械有三面切书机（Three-Knife Trimmer）和单面切纸机两种。三面切书机是裁切各种平装书籍的专用机械，可以连续裁切书籍的三个边缘，分为半自动和自动两类。三面切书机上装有三把锋利的钢刀，它们之间的位置可按书刊的开本尺寸进行调节，由于三把刀片同时动作，操作时只要一按联动器，毛本的天头、地脚、切口的三面毛边就一起被切成光边。

切书的质量要求是：对所切毛本要核准加工方案的尺寸，保证裁切的标准一致，切书时应注意书册的烫背效果，以免书背出现拉破现象。

书册切好后，还得进行逐本检查，防止成品书刊中有折角、白页、污点等不符合质量要求的书册出厂。

10.7 印刷成品的包装与运输

产品印刷加工完成后，需要打包装运，最后送到客户手中。为了方便运输、传送、保管，也为了方便计数，必须根据不同的情况，对印刷出的产品要采取不同的包装和运输形式。

10.7.1 精品印刷包装

虽然现在对书刊等印刷成品的包装没有统一明确规定，但人们根据多年来的实践也总结出许多宝贵的经验，值得我们借鉴汲取。

精装类印刷品的包装，一般都采用瓦楞纸箱进行包装，以免搬运途中损坏。如果产品数量很大，应该到纸箱厂定制专用的瓦楞纸箱，并在专用包装箱的显著位置印上产品名称（如书名）、印刷或设计单位、印刷数量、版别、定价、日期等文字内容；或贴上印有以上内容的产品封签。

10.7.2 普通印刷品包装

普通印刷品的包装大多采用牛皮纸进行包装，如用其他纸包装，纸质应坚韧不脆，不易破裂，厚度应在 $70g/m^2$ 以上。每包的数量根据印刷品的具体开本尺寸而定，可单摞或双摞包装。如果是书籍类产品，每包内要按书背和前口交错摆放成摞。每包的产品数量和重量没有一定的标准，一般以方便搬运为宜。

用手工包装印刷品劳动强度大，效率低。现在大型印刷企业已经广泛采用专用机械设备包装印刷成品。常用的书刊包装机能全自动捆扎、送带、拉紧、接头、切断，采用这种包装机能大大地提高了生产效率。

10.7.3 长途汽车发运

用长途汽车发运印刷品，最好用箱式货车运输。如果没有箱式货车，也一定要用油布将产品盖好并捆绑紧，以免途中下雨。如果是和其他物品混装，一定要摆放到安全的位置。

10.7.4 火车发运

采用火车发运的印刷品，无论是什么类型和档次的产品，最好都用瓦楞纸箱进行包装，以免在装卸过程中损坏。另外，火车发运的印刷品，一定要在每包的包装物上写上收货人的详细地址、姓名和联系电话，当然，还要有发货人的详细地址、姓名和联系电话。

无论采用那种方式运输，在装卸过程中应轻拿轻放，不能提着绳子乱扔，包件和封签应完好无损。另外，要注意防潮、防晒、防油、防蛀、防腐蚀。

第 11 章　印刷纸张

　　造纸技术是我国古代四大发明之一。东汉时的蔡伦在漂麻造纸的基础上，用树皮、麻头、破布、鱼网等生产出一批高质量的纸，人称"蔡侯纸"。从此，用植物纤维造纸的方法在全国推广开来。由于纸张轻便，容易制造，成本低廉，书写字迹清楚，易于携带和保存，因此受到人们的青睐，逐渐取代帛、简而成为惟一的书写材料。造纸术的发明极大地推动了我国科学文化的传播和发展，对世界文化的发展也作出了巨大的贡献。

　　由于大量的印刷是转印在纸上，所以最常用的承印物是纸张。人们通常把用纸张作为承印物的印刷称为常规印刷或普通印刷；而把其它材料如金属、塑料、玻璃等作为承印物的印刷称为特种印刷。

　　设计师在设计前就应该对将要使用的印刷纸张有一个明确的选择，并对它的性能特点，特别是吸墨度和色彩的受墨均匀度等印刷适性有一个充分的了解。后加工复杂的印刷品（如产品包装等），还需对其纸张的物理性能作全面的了解。只有这样才能保证最后的印刷品达到设计效果或包装功能。

　　印刷用纸种类繁多，下面将介绍一般常用的印刷纸张的结构性能、规格和分类。

11.1　纸张的结构性能

11.1.1　纸张的组成

　　纸张是由植物纤维、填料、胶料和色料等四种主要原料组成。

(1) 植物纤维

植物纤维是纸张的基本成分。常用的植物纤维有：稻麦草、芦苇、竹、木材、麻类、棉、麻等，废棉、废布、废纸等也是造纸的主要原材料。填料的作用是填充纤维间的空隙，使纸张表面均匀平滑、不透明，同时可节约纤维的用量，降低成本。

(2) 填料

纤维构成的纸有许多空隙，必须添加填料填塞，使表面均匀，减少纸张的透明度。常用的填料有硫酸钙（石膏）、硫酸钡、滑石粉、碳酸钙、白土等，一般印刷用纸选用滑石粉，高级印刷用纸采用高岭土和硫酸钡。

(3) 胶料

胶料的作用是填充纤维表面和纤维间的空隙，提高纸张抗水性能。施胶后还能起到改善纸张的光泽、强度和防止纸面起毛等作用。常用的胶料有松香胶、明矾、水玻璃、淀粉等。根据纸张的使用要求不同，施胶方法也不一样，有纸内施胶、表面施胶、重施胶和轻施胶等。

(4) 色料

色料的作用是校正和改变纸张的颜色。如添加适量的群青或品蓝等色料可使纸张更加洁白。高档纸张要加入一定的荧光增白剂。

在制造有色专用纸张时，也需要使用色料，一般都选用无机颜料或有机染料。

11.1.2 纸张的印刷适性

纸张在制造过程中，由于所用的原材料不同、采用的工艺不同，制成纸张的性能也不同。不同的印刷工艺需用不同性能的纸张并与其相适应。

纸张的性能很多：有反映纸张表面光滑平整程度的"平滑度"；有反映纸张洁白程度的"白度"；有反映纸张透印程度的"不透明度"；有对油墨中连接料吸收程度的"吸墨性"；有含水量、抗张力、伸长率等性能。印刷过程中主要考虑纸张的印刷性能。

印刷用纸的质量一般要求为颜色尽可能白，而且同一批次纸张中质地应该统一；纸张的尘埃度不能超过允许范围；最小的透光率和相同的光泽；具有保证正常印刷的机械强度；纸张的厚度、紧度、结构等性能在同一批次中应该相同，含水量在6%~8%之间，平板纸纸边应为直角，斜度误差不超过±3mm。

(1) 纸张的平滑度

纸张的平滑度是指纸张表面凹凸不平的程度，它是纸张最重要的印刷性能。无论那种印刷，具有表面较平滑的纸张所印出的印刷品，字迹和图像都比较清楚。平滑度低的纸张，在印刷时由于表面不平整，压印时纸表面与印版的接触不均匀，油墨层的转移便受到影响，因而使油墨层转移到纸面上呈不均匀状况。

纸张的光泽也取决于纸张表面的平滑度，表面非常光滑的纸张有光泽，而表面粗糙的纸张则表面暗淡。

(2) 纸张的吸墨性

纸张的吸墨性是指纸张对油墨的吸收程度。纸张对油墨的吸收量越多，其吸墨性就强，反之则差。吸墨性的强弱，主要是油墨中连接料的渗透的反映。

纸张对油墨的吸收性，主要取决于纸张纤维间的空隙大小，即纸的紧密程度。当纸张纤维间的空隙小，吸墨性就差。如果空隙过大，不但吸收连接料多，而且会将颜料一并吸收，而产生透印现象。

纸张的吸墨性与纸张的结构、油墨的粘度、印刷压力及压印时间长短等等因素有关。

(3) 纸张的丝缕

纸张主要是由极为纤细的植物纤维相互牢牢交织而成的。在造纸过程中，纤维并不是杂乱无章地排列的，而是受机网运转方向影响的。当悬浮在水中的纤维流到抄纸网上时，它们会依机网运转的方向来排列，使纸张纤维的排列具有方向性。印刷中，把依抄制方向排列的纤维称为纵向丝缕；与抄制方向成直角排列的纤维称为横向丝缕。

由于纸张是靠纤维互相捻合、互相结合构成的，而纤维又是亲水性很强的物质，它很容易从大气中吸收水分。同样，在干燥的空气中它也能散发出本身所含的水分，故大气温、湿度对它的含水量影响非常大。就纸张丝缕而言，随着环境温、湿度的变化，纸张的膨胀和收缩在横向丝缕方向要比在纵向丝缕方向明显，一般横向丝缕为纵向丝缕伸缩率的 2~4 倍。

另外，在印刷过程中，纸张还要受到滚筒的挤压力和剥离张力（拉力）的作用，纤维内部同样会产生应力，从而引起纸张变形。这时，由于丝缕在纵向的结合力较大，从而具有较好的拉伸强度；相反，当纸张在横向丝缕方向受到足够压力与拉力时，还会有较大程度的拉伸。

因此，仅就单张纸的丝缕方向而言，纵向丝缕的纸张优于横向丝缕的纸张。纵向丝缕的纸张不仅在印刷时能减少由于纸张变形而引起的套印不准或其他故障；在装订时，还可防止纸张起翘（丝缕纵向应平行于装订边），有助于阅读。

(4) 纸张的拉伸强度

纸张的拉伸强度是指纸张或纸板所能承受的最大张力，用绝对拉伸力（单位：kg）或断裂长（单位：m）来表示。卷筒纸在高速轮转印刷中，如果纸张的拉伸强度低于纸张受到的纵向拉力，就会出现纸张断裂的现象。印刷速度越快，用于印刷的纸张的拉伸强度应越大。

(5) 纸张的表面强度

纸张的表面强度是指纸张在印刷过程中，受到油墨剥离张力作用时，具有的抗掉粉、掉毛、起泡及撕裂的性能。在印刷中要得到清晰的网点，就必须使用粘度较高的油墨，如果纸张表面强度不够，就容易产生掉粉、掉毛现象，并粘附在印版表面。如果油墨粘度低，在平版印刷中，油墨与润版液乳化，印版的空白部分就会起脏。

(6) 纸张的含水量

纸张的含水量是指纸样在规定的烘干温度下，烘至恒重时，所减少的质量与原纸样质量之比，用百分率表示。一般纸张的含水量在 6%~8% 之间。纸张的含水量多少直接影响到印刷质量，如纸张含水量过多，则纸张强度降低，在外力的作用下，纤维会被拉出，塑性增强，印迹干燥速度受到影响；如果纸张含水量过少，纸张发脆，容易造成破损，还会产生静电现象。

纸张是亲水性很强的物质，含水量随环境温、湿度的变化而改变，从而引起尺寸和形状的变化，产生"荷叶边"、"紧边"现象。要控制纸张中的含水量，一定要控制印刷车间的温度与湿度，一般温度控制在 $18 \sim 24$°C，相对湿度控制在 $60\% \sim 65\%$，以保持含水量的平衡。

11.2　纸张的分类与规格

11.2.1　纸张的分类

纸张的用途非常广泛，有工业用纸、包装用纸、生活用纸、文化用纸等。根据纸张用途可分为以下几大类：

(1) 印刷用纸

新闻纸、凸版印刷纸、凹版印刷纸、胶印书刊纸、胶版纸、铜版纸、字典纸、地图纸、画报纸、证券用纸等。

(2) 书写用纸

书写纸、账薄纸、打字纸、卡边纸、绘图纸、硫酸纸等。

(3) 包装用纸

牛皮纸、玻璃纸、蜡纸、柏油纸、植物羊皮纸等。这类包装纸主要作为软包装和内包装使用。

(4) 纸板

纸板主要应用在产品包装、精装书籍封面封套的制作等方面，主要种类有黄纸板、白纸板、瓦楞纸、灰纸板等。

除上述纸张外，还有特殊用途的纸张，如过滤纸、绝缘纸、吸墨纸、蜡光纸、卷皱纸、复写纸等。

11.2.2　纸张的规格

纸张的规格可以从尺寸、类型、质量等几方面来标定，常用的印刷纸张分为平版纸和卷筒纸两种。

(1)平版纸

平版纸是将纸张按一定规格裁成定长、定宽的纸张。按原国家标准GB147—59规定，印刷、书写及绘图用的原纸尺寸，平版为：880mm × 1230mm、850mm × 1168mm、880mm × 1029mm、787mm × 1092mm、787mm × 960mm 及 690mm × 960mm 六种。

国家标准 GB786-87 规定，图书杂志开本及其幅面尺寸的标准，将采用 880mm × 1230mm、900mm × 1280mm、1000mm × 1400mm 未裁切单张尺寸印刷，以适应国际文化交流，采用国际标准。而由于设备、纸张供应等原因，原787mm × 1092mm、850mm × 1168mm 纸张的开本，目前仍可沿用，但属于要逐步淘汰的非标准开本。

习惯上一般把787mm × 1092mm 称为小开本，850mm × 1168mm 称为大开本，880mm × 1230mm 称为特大开本。

平版纸的尺寸叫开度，纸张是以"全张、对开、四开、八开、十六开、三十二开"来区分其大小，即全开、整张纸的二分之一、四分之一、八分之一、十六分之一、三十二分之一。按英制，31英寸×43英寸为正度纸，35英寸×47英寸为大度纸，而其他不同的纸张有不同的纸度，所以运用时要予以注意。

任何规格的平板纸对折后的尺寸即为下一号纸张的规格。而每一种规格的长边即为以短边为边长的正方形的对角线长，即长边的长度为短边的$\sqrt{2}$倍。这种规定是符合人的视觉心理的，印刷的书籍比较美观、大方，给人以开阔、宽广、崇高的感觉。通常标准尺寸的纸张以长边方向对折成多少同等尺寸的小张，就叫多少开本或多少开。

(2)卷筒纸

卷筒纸是将纸卷在卷纸芯上呈现圆柱状的纸张。按原国家标准 GB 147-59 规定，卷筒纸的宽度有：787mm（即2 × 787mm）、880mm、1092mm、1575mm 四种。卷筒纸的长度一般为6000m。

11.2.3 纸张的定量(厚度)

纸张的质量用定量和令重表示。定量俗称克重，是单位面积纸张的的质量，单位为（g/m^2）。一般写成克／米^2，即每平方米的克重。

常用纸张的定量有 $50g/m^2$、$60g/m^2$、$70g/m^2$、$100g/m^2$ 和 $120g/m^2$ 等。由纤维原料制浆造纸所得的产品，可以分为纸和纸板两大类，纸和纸板是按定量（即单位面积的质量）或厚度予以区别。一般来说，定量在 $250g/m^2$ 以下的一般称为纸，超过 $250g/m^2$，多称为纸板。一般来说，纸张定量越高，其纸也越厚。

令重是每令纸张的总质量，单位是公斤（kg），500 张全张纸为 1 令。令重表示 1 令纸张的总质量。

令重与定量的换算公式如下：

令重(kg)=1 张纸的面积(m^2)× 500 ×定量(g/m^2)。

根据上述公式，可算出 787mm × 1092mm 规格的 52g 新闻纸，每令重 22.34kg；100g 胶版纸每令重 42.92kg；120g 铜版纸每令重 51.56kg。

无论平板纸还是卷筒纸，均可按定货合同的规定及其他要求的尺寸和质量进行包装。在市场上，卷筒纸以吨计算，平板纸则以件计算。一般来说，定量 $250g/m^2$ 以下的纸以 500 张为 1 令（即小包），10 令为一件进行包装。定量 $250g/m^2$ 以上的纸板每件也不得超过 250kg，至于一件几令则视纸板的定量而异。

11.3 常用印刷纸张

11.3.1 铜版纸

铜版纸是在原纸表面涂一层白色涂料经超级压光加工的高级印刷纸张，其表面平滑、色泽洁白。铜版纸属于涂料纸的一种，铜版纸分有光铜版纸（又称亮光铜版纸）和亚光铜版纸，又可分为单面铜版纸和双面铜版纸。铜版纸多用在高档精细的印刷品上，如企业和商品的样本、画册画报、宣传画和广告招贴、高档瓦楞纸彩色包装的外层裱糊等。

铜版纸是平面设计师在印刷设计中应用得最多的纸种之一。其标准定量有 70g/m²、80g/m²、105g/m²、128g/m²、157g/m²、180g/m²、200g/m²、250g/m² 等；尺寸有 880mm × 1230mm、787mm × 1092mm。在纸张厚度的选择上，以一般彩色画册为例，内页一般采用 105g～200g 的双面铜版纸，封面通常采用 200g～300g 的双面铜版纸。

11.3.2 胶版纸

胶版纸一般用 100% 的漂白化学针叶木浆或搭配 20% 棉浆、苇浆，采用长纤维游离打浆，加填和施胶较多，经长网机抄造而成。胶版纸纤维紧密、均匀、洁白、不掉粉、伸缩性好，耐折度高、拉伸强度好。胶版纸有单面胶版纸和双面胶版纸之分。其规格有 60g/m²、70g/m²、80g/m²、90g/m²、100g/m²、120g/m² 和 150g/m² 等。主要用于图片、宣传画、书籍、商标、标签等多色或单色印刷。

11.3.3 白板纸

白板纸由漂白苇浆、木浆当面料，稻草浆或废纸浆为里浆或芯层制成。其纸面平滑、洁白、挺度好、质地坚硬、耐折度强、印刷性良能好、粘接性好。白板纸多作为包装材料使用，如手提袋、折叠纸盒等。

11.3.4 卡纸

卡纸是采用 100% 漂白硫酸盐木浆为原料，游离状打浆，中等施胶、加填，在长网机上抄造并经压光而成。根据需要可生产各种色泽纸。无面浆、里浆之分，它介于纸、纸板之间，质量比白板纸高。定量有 200g/m²、220g/m²、250g/m²、270g/m²、300g/m² 和 400g/m² 六种。主要用于立体 POP、名片、请柬、证书、礼品纸袋、包装纸盒等。

11.3.5 新闻纸

新闻纸是采用 90% 以上的磨木浆和 10% 的漂白化学浆抄造而成。新闻纸的纸质松软脆弱，对油墨吸收能力极强，色泽微黄或带灰。适宜高速印刷，是一种廉价的纸张。新闻纸分为卷筒纸和平板纸,卷筒纸的宽度有1575mm、1562mm、787mm、781mm四种。平板纸的尺寸为87mm × 1095mm、781 × 1092mm、781mm × 1092mm等。标准定量为51g/m²、49g/m²、45g/m²三种。主要用于报纸、期刊的柔性版印刷。

11.3.6 凸版纸

凸版纸主要原料是稻麦草浆、苇浆、蔗渣等,采用漂白化学浆和部分机械木浆抄造而成。凸版纸有平板纸和卷筒纸两种。卷筒纸的宽度为880mm、787mm、850mm。平板纸的尺寸为80mm × 1230mm、787mm × 1092mm、850mm × 1168mm。标准定量为52g/m²、60g/m²、70g/m²。主要用于书籍、杂志、表册等柔性版印刷。

11.3.7 凹版纸

凹版纸主要原料是漂白化学木浆,或掺用部分麻浆、漂白破布浆,加填料较多,只轻微施胶,用长网机抄造而成。凹版纸分为卷筒纸和平板纸。定量为70g/m²、80g/m²、100g/m²、120g/m²等。主要用于美术图片、有价证券印刷等。

11.3.8 字典纸

字典纸主要供凸版印刷字典、袖珍手册、工具书、科技资料等高级印刷品用。字典纸轻而薄,要求不透明性好(防止透印)、纤维组织均匀、纸面平整、厚薄一致,字典纸比较柔软,纸边容易卷曲。定量有25～40g/m²四种。

11.3.9 地图纸、海图纸

地图纸适用于胶印多色地形图、地图和地图集,分为特号和 号两种,特号用于印制地形图,一号用于印制地图和地图集。海图纸为适用于胶印多色海图的纸张。

11.3.10 硫酸纸（羊皮纸）

原纸经硫酸处理，呈半透明，它结构紧密、防水、防潮、防油、杀菌、消毒。常用于食品、糖果、茶叶、烟草等的包装。

11.3.11 宣纸

宣纸是以檀皮、稻草等为原料，经特殊的传统工艺加工而成。具有润墨和耐久等性能，主要用于书、画、凸版水印等高级艺术品的印刷。

11.3.12 合成纸

合成纸是利用化学原料合成的纸，一般用烯烃类为主要原料，再加入一些添加剂而制成，它具有质地柔软、拉力强、抗水性能好、耐光、耐冷热、不发霉、稳定性良好等特点，并耐化学药品的腐蚀。在 $-60 \sim 60$℃ 的温度范围内，可作为各种印刷用纸。主要用于印制高级美术作品、地图以及字典等工具书。

合成纸不仅适用于印刷，而且由于它无毒、无污染、透气性能好，所以也是一种理想的包装材料。它清洁无尘，不掉纸粉，也是一种理想的信息产业用纸，现正取代普通纸成为超清洁室内办公用纸和电子计算机用纸。

11.3.13 不干胶

不干胶是一种具有粘接牢固、耐气候性好、抗潮湿，以及无霉等特点的自粘纸。广泛用于食品、电器、机械、医疗等商标的印刷。定量一般是 $190 \sim 280 \mathrm{g/m^2}$。可采用凸印、凹印、柔印、平印和丝印等。

11.3.14 瓦楞纸

瓦楞纸是将瓦楞原纸压成瓦楞状，再用粘合剂将两面粘上纸板，使纸板中间呈空心结构，瓦楞的波纹宛如一个个连接的小小拱形门，相互排列一排，相互支撑，形成三角结构体，强而有力，能承受一定的压力，富有弹性、缓冲性强，能起到防震和保护商品的作用。瓦楞纸形状分为 U 形、V 形、UV 形三种，其种类有二层、三层、五层、七层瓦楞纸等。主要用于加工纸箱，目前多采用瓦楞纸直接柔印、丝印方法，也有在胶版纸上经平印后再裱贴于瓦楞纸上的印刷方法。

11.3.15　牛皮纸

牛皮纸是一种质地坚韧、强度大的高级包装纸。多用于包裹纺织品、纸盒的挂里、挂面、以及裱合瓦楞纸板等，有较大的耐破度和施胶度。其定量有 $40g/m^2$、$50g/m^2$、$60g/m^2$、$70g/m^2$、$80g/m^2$、$90g/m^2$、$100g/m^2$、$120g/m^2$ 等。其表面一般可用凸印、丝印、柔印方法印刷。

第12章 印刷报价与合同

　　印刷报价在印刷业务的承接或竞标中，无疑是非常重要的。印刷报价涉及到整个印刷工艺的各个环节。因此对这些环节的工艺流程、设备、加工材料、加工工时以及国家有关部门制订的关于印刷行业的工时费、管理费、税收等相关法规必须熟悉。同时还要对本地区同行业的印刷市场加工价格有比较全面的了解，才能报出在保证自己合理利润的前提下，既有市场竞争优势，又让客户可以接受的价格。

　　印刷报价从某种角度来讲，既是一门科学，也是一门艺术。不假思索地对客户报价，通常只会两种结果：要么报价太低，根本做不下来；要么报价太高，吓跑了客户。因此无论对印刷价格有多深的了解，在没有对具体的印刷内容进行仔细核算之前，不要轻易对客户马上报价。那些印数大的印单在报价时，尤其要慎重，单价上虽然只有几分甚至几厘的差别，但总价上却相差万里。

12.1　主要预算内容

　　随着印刷市场的日益规范，在承接较大的印刷业务时，客户一般都会要求厂家或设计方提供详细的预算书。如果是政府机关的印刷业务，提交的预算书还要通过专门的审计机构（如政府部门的采购中心等）审核。因此，制定一份格式规范、价格合理的印刷加工预算书，是能否赢得客户的第一步。下面将详细介绍印刷报价预算中涉及的主要内容。

12.1.1　设计费

　　设计是设计师的艺术创作，和纯商业性活动不一样，因此印刷业务中设计费这一项的报价还没有统一的标准。不同的地区，其收费标准差别很大。另外，设计师的社会知名度大小和实际设计水平的高低，对其设计收费的多少也有直接的关系。但不管设计费用的高低悬殊多大，一般均按以下两种方法来计算：

(1) 单件计算法

如单页的广告招贴、宣传单、产品包装和书籍封面设计等，单纯以页面或件数为单位来计算设计费用。这类设计在平面设计中的计费标准一般是最高的。

(2) 多件计算法

如书刊、杂志、画册等，一般以该书刊的页面多少来计算设计费。通常页面多的书刊，相应的页面设计费单价要低，反之则相应的较高。

另外，有的广告公司和设计制作部门，按设计内容的设计和制作难度来收取费用，如设计中有没有图像、是否需要电脑特技处理，是简单的编排，还是需要创意设计。等等。

12.1.2 印前费用

(1) 图片扫描电分

图片的扫描和电分费用一般是以文件的大小（即MB）来计费，通常的费用是以每一兆（MB）多少费用来计算，另外收费标准还要参考其扫描电分的设备档次和技术人员的专业水平。

(2) 文件的整理与拼版费

设计师交给输出中心的设计文件一般是没有进行拼版（拼大版）处理的，输出中心在出片前还必须对该文件进行检查、调整，并根据工艺设计要求进行拼版。这项费用视不同的输出中心而定，有的会单独收取，有的将这一费用记入输出总价之中。

(3) 出片费

出片费用一般以一套四开四色作为计费标准，单色片也有按16开尺寸计费的。不同的地方的输出中心，其收费标准会有一定的区别。

12.1.3 印刷材料费

(1) 纸价

印刷纸张的费用是印刷总费用中所占费用最高的一项。印刷纸张种类繁多、规格不一、其价格不一样。同一规格和品种的纸张，由于生产厂家及其质量档次的不同，其价格也不一样，因此在报价中要准确把握纸张费用。

另外，印刷纸张的价格也是随市场的变化而不断浮动的，并且有时浮动幅度还很大，所以每次报价前都应与相关印刷纸张的经销商调查落实。

印刷纸张的报价一般以吨（或令）为计算单位，即每吨（或令）多少钱。

另外，在印刷中纸张会有正常的损耗（通常称之为"放数"），纸张的损耗数量计算按印量的多少作为标准来计算，如四色双面印刷，5000 印数为 11 %左右、10000 印数为 10%左右，印数越多，放数越少。如果印刷品后加工程序多，工艺复杂，还要根据实际情况按标准增加损耗比例，做为印后加工程序中的损耗数。印刷中的纸张正常损耗费用也应计入纸张费用之中。

(2) PS 版

常用的彩色胶印用 PS 印版，一般按"块"为单位计费。

12.1.4 工时费

印刷加工费简称"印工"费，按印刷的色令计算，不同类型和档次的印刷设备、不同的印刷厂或印刷工艺，其印工的收费标准也不一样。

12.1.5 印后加工费

印后加工的种类繁多，但计算方式主要以按加工的件数或按加工面积为单位进行计费，个别加工种类既可以按件也可以按面积计算。

(1) 按面积计算

按件计算的主要有：上光、覆膜、烫金、烫银、压型、对裱等。

(2) 按件数计算

按件计算的主要有：装订、折页等。

12.1.6 管理费

印刷厂的管理费根据其设备档次、印刷质量的不同，收取标准也不相同。一般都在10%～20%之间。如果客户是自来料（通常是指客户自己购纸），印刷厂不应收取纸张管理费。如果印刷品的后加工是由设计师或客户自己联系的另外的加工厂家加工，该项管理费当然应该归印刷代理方所有。

12.1.7 税金

从事印刷行业按国家有关税法规定，应该交纳增值税，现在的增值税税率标准是17%。如果印刷品是属于产品包装类，客户一般都会要求印刷加工方开出增值税发票；如果是宣传画册、广告招贴等之类的产品，通常开出广告类的发票。

12.1.8 其他费用

(1) 打包费

印刷品的打包（即包装）费视情况而定，一般的印刷厂只收取基本的成本费用，但如果是采用纸箱包装，特别是数量较大，并且是特制的纸箱包装，印刷厂是要单独收取费用的。设计师也可直接与纸箱厂联系，订制专用纸箱。

(2) 运输费

市内送货，印刷厂一般都是免费送货。如果是长途送货，则按当地的长途运输收费标准收费，通常印刷厂不负责此费用，由印刷业务的承接方或客户直接与运输单位洽谈并支付其费用。

总之，印刷费用在不同的地方，根据不同的具体情况，有不同的收费标准，以上所述各项收费项目，仅供参考。

12.2 印刷报价参考格式

下面以常规印刷报价中书刊和画册印刷的主要加工内容，按基本的印刷报价格式制作如下表格以供参考：

XX 印刷报价明细表

成品规格尺寸：

印数：

印色：

封面：（纸张、页数、印色、后加工工艺等）

内芯：（纸张、页数、印色、装订形式等）

出片费：

印刷打样费：

纸张费：（封面、内芯）

ＰＳ版：

印工：

覆膜费：

压型、粘套费：

装订费：

打包、运输费：

设计费：

照片拍摄费：

管理费：

共计：

XXX 广告有限公司（或印务公司）

年　月　日

　　印刷报价的内容既可详细，也可简略，主要视客户的要求而定。如有的客户甚至要求列出纸张、印版等印刷材料的详细产地、生产厂家名称等，有的客户还会要求在报价表后附有所列纸张或其他内容的样品。

12.3 签订印刷合同

当设计和印刷报价得到客户的认可后，接下来的工作就是签订正式的设计和印刷加工合同。

印刷设计和加工合同是具有法律效力的文件，一旦签订，无论是甲方还是乙方，都必须对合同中的所有条款负法律责任。因此，对合同中涉及的任何一项条款的签订，都必须慎重考虑。对于不能履行的职责或义务，不能随意的承诺，而对于对方应该履行的责任和义务，也应该在合同中写明。

12.3.1 印刷合同基本的内容与格式

印刷合同与其他商业合同一样，有其基本的格式和要求，但由于印刷行业的特殊性，印刷合同有其自身的特点。印刷合同最主要的内容、格式和条款如下：

(1) 业务委托方和承接方的全称

标准合同正文文本的开始应该首先写明该合同的委托方和承接方，也就是我们所说的甲方和乙方。委托方是甲方，承接方为乙方，排名顺序是甲方在前，乙方写后，都必须写上单位的全称，并分别在单位全称之后标注甲方、乙方（或"以下简称甲方"，"以下简称乙方"）。

(2) 合同的印刷内容

在合同中必须将印刷的内容写清楚，如彩色样本的设计印刷，在合同内容中必须将该样本名称明确写入印刷合同中。

(3) 规格尺寸、数量及材料工艺

印刷品的开本、成品尺寸、印数和所使用的材料、加工工艺等，必须在印刷加工合同中详细写明。如是否需烫金、烫银或压纹、压型，烫金的面积大小和具体位置等等。

(4) 价格

印刷合同中的价格在正式起草合同前双方通过协商认可。通常在合同中应将设计费、印刷费和印后加工费分别写明。在价格条款中，一般将合同的总

价和每本样本的单价都写明。

（5）双方责任和义务

该条款应该根据事先与客户的商定，将双方的责任和义务写清楚。其内容包括如由谁提供样本所需的文案和图片、由谁负责校对等等。一般来说，设计方可为客户撰写文案、拍摄照片，但文字的最后确定和校对，一般均由客户方负责。如果客户将整个印刷及印后加工都委托给设计方，那么设计方要对整个的印刷和印后加工负责。

在该条款中，作为乙方有一条应当坚持写明的是，如果客户已经对出片打样稿认可，并签字同意开印后再发现新的错误或提出新的修改意见，一切责任和损失均由客户（即甲方）负责。乙方不应负任何责任。但如果印刷成品与客户签字同意开印的打样稿不符，或出现新的错误，或印刷质量、工艺与材料与合同内容不符，一切责任和损失均应由乙方负责。

如果客户（甲方）提供的图片出现侵权行为，或文字部分出现法律法规等方面的问题，均应在合同中声明，一切责任和后果，都由提供方，即客户（甲方）负责。当然，设计和印刷方在设计和开印前应认真对此类文件和图片进行审核，与客户及时沟通，尽量避免此类事情的发生。

（6）付款方式

付款方式是业务承接方（即乙方）最为关心的问题，首付预付款比例越多，后期付款越快，对乙方越有利。这需视与客户协商的结果而定。不同的客户、不同的印刷数量以及不同的交货时间期限等，都会对付款方式有不同的影响。作为乙方，应该根据这些情况，对客户提出尽可能有利的要求，并写入合同之中。

一般来说，在正式合同签订之后，甲方应向乙方支付30%左右的预付款，印刷打样稿审查通过，并签字同意开印时，再支付30%的印刷款，印刷及印刷后加工完毕，客户验收合格后，余款40%应在一周（或一月）内全部付清。当然，在实际的印刷业务运作中，付款的方式、比例和时间会有所区别，但都要在合同中予以明确。

(7) 验收方式

根据不同的印刷内容，客户对印刷品的验收，有多种验收形式。最常用和最为可靠的形式，是在正式的开印之前，为客户提供印刷打样。如果是有印后加工的产品，应该尽量按合同要求的加工工艺和材料，为客户做出样品（如书籍装订的样书、产品包装的样盒等等），在客户认同之后，再开始批量的印刷和加工。如果在印前打样和制做样品中，某些工艺效果确有难度不能实现的，应让客户以文字的形式给予明确。客户最后的产品验收，以认同的印前样品作为产品验收的质量标准。

那些对印刷业很熟悉，并且有过长期合作的老客户，如出版商、书商等，通常只需其在合同中将在印刷和加工中的各项具体要求写清楚即可。

与客户对印刷成品的验收标准达成共识，是印刷业务运作中极为重要的一项工作。作为乙方，应该尽量做到细致、周全和具体。特别是印后加工工序复杂的产品，一定要用文字的形式，明确地写入合同中。如果交货时客户再来找你谈产品验收的标准问题，那通常是有麻烦了。

(8) 交货日期

由于印刷业务具有很强的时效性，有的印刷品过了某一特定的时间，便失去了任何意义（如为各种会议、活动而设计印刷的画册和广告招贴等印刷品）。因此，能否及时交货，对客户来说至关重要。作为印刷业务的承接方，在签订合同前，首先要对是否能够如期交货，做到心中有数。

(9) 违约处罚

违约处罚条款主要是针对双方违反合同的情况，共同约定的处罚措施。如出现印刷错误和印刷加工中出现质量问题、不能按时交货、甲方不能按时付款等，要根据情况做出相应的处罚规定。如因甲方的原因造成的印刷上的错误（主要是文字和图片出现错误），应由甲方负全部责任，并承担全部损失。如果是由于乙方的原因造成的错误，或印刷成品的材料、工艺与合同不符，就应由乙方负全部责任，并承担全部的经济损失。对于那些属于双方共同的原因造成的问题，应分清责任，并按责任的大小，分担其经济损失。对于那些时间性要求很强的印刷品，如果乙方未能按时交货，则应承担违约责任。

违约处罚的轻重，是需通过甲乙双方共同协商签署的。在协商中，双方无疑都会站在各自的立场，维护自身的利益，尽量签订对自己有利的协议，以最大限度地保证自己的权利和商业利益。无论双方是第一次合作的新客户，还是老客户，在正式的商业合同中，都应该一视同仁，这是对双方利益的保护。

另外，在合同中还应该将由于不可抗拒和不可预计因素对合同履行所造成的影响写明，对于象洪水、台风、地震等人们无法抗拒的自然灾害所造成的一切损失，无疑无法确认双方应承担的责任。

（10）双方的账号、固定电话和地址

在合同中应该将双方的银行开户行名称、账号、联系电话、邮编、法人代表或法人委托代表、单位地址等尽可能地写清楚。

（11）签字盖章

只有甲乙双方的法人（或由法人委托的代理人）签字，并盖上双方单位的合同专用章的合同，才是有效的合同。

在实际的印刷业务运作中，有不少业内人士对印刷合同并未引起足够的重视，特别是老客户或印量较小的印单，常常是双方谈好价格之后，随便写个白纸条，有时甚至白纸条都没有就开始执行。这种情况在设计师或广告公司与印刷厂家之间的合作中最为常见。他们由于是长期的老客户、老朋友，写个文绉绉的合同文件，觉得麻烦，没必要。实际上很多商业上的纠纷甚至法律上的官司，往往就是这样造成的。

正式的合同至少是一式两份，甲乙双方各执一份，乙方应将它与客户签名的设计稿和印刷打样稿一起，妥善保管好。

12.3.2 与客户签订的印刷合同

如果客户委托设计师或广告公司全面代理某产品的整体的策划、设计和印刷业务，那么在开始设计前，就应该与客户签订全面的策划设计和印刷代理合同。在合同中，设计师或广告公司以乙方的身份和客户签署合同书。

与客户的设计和印刷代理合同参考格式如下：

XXX 印刷合同

甲方：XXX公司（以下简称甲方）

乙方：XXX广告公司（以下简称乙方）

甲方因公司业务发展，需要设计印刷一批介绍公司企业形象的画册，通过公开的招标，现决定全面委托XXX广告公司，对该画册进行设计和印刷制作。经过双方的友好协商，特签订此合同。

一、印刷内容

二、产品数量与规格尺寸

三、材料与工艺

四、价格

五、双方的责任与义务

六、付款方式

七、交货日期

八、验收方式

九、送货方式

十、不可抗力

十一、违约处罚

十二、合同份数

合同签订时间： 　　　　　　年　　月　　日

甲方盖章： 乙方盖章：

XX公司（甲方单位全称） XX广告公司（乙方单位全称）

地址： 地址：

甲方法人代表签字： 乙方法人代表签字：

或甲方法人委托代表签字： 或乙方法人委托代表签字：

电话： 电话：

开户银行： 开户银行：

账号： 账号：

邮政编码： 邮政编码：

12.3.3 与印刷厂签订的印刷合同

通常正规的印刷厂都有规范的专用印刷合同，客户不用自己起草合同，但在签署合同前，仍要对印刷厂提供的合同文本认真逐条地明确。

印刷业务的加工合同现在还没有一个统一的格式和标准。不同的地方、不同的单位，其合同格式不尽相同，有些长期与印刷厂有业务往来的单位（如出版社、书商、常年需要产品包装的企业等），会有其编制的专用印刷合同（有的单位借用其他的采购合同）。许多正规的印刷厂，也有自己编印的印刷合同。无论采用哪一方提供的合同格式文本，如前所述的各项合同内容，都是不可缺少的。如果您的广告公司有专门的平面设计和印刷业务部门，或是您想长期从事印刷业，就应该自己制定一个印刷合同的固定格式文本。

按常规，合同的起草应由业务的承接方，即乙方负责，承接方应该有专门的合同文本。按事先与客户（甲方）的协议将合同拟定后，先交送给客户（甲方）审核，如果客户（甲方）没有异议，应由客户（甲方）先签名盖章，然后再乙方签字盖章，这既是一个正常的工作程序，同时也是对客户（甲方）的尊重和起码的礼节。最好不要自己在起草的合同上签好名盖好章之后，再拿到客户那里去让他们签名盖章。即使合同的内容是双方事先已经谈好的，也不能这么做。

对于准备签订印刷设计和印刷加工合同的设计师或印刷业务员，建议在签订正式合同之前，认真学习《中华人民共和国合同法》。一切合同中所涉及的内容与条款，以该法律及相关的司法解释为准。

结语：做一个合格的职业印刷设计师

　　做一个合格的职业印刷设计师，除了要具备本职业所应具备的设计能力、电脑操作能力外，还应该具有从印刷业务的创意设计到印后加工完成都能完全独立把握的能力。做到这一点，设计师应该具备以下几方面的素质：

1.沟通能力

　　印刷设计与纯艺术创作不同，它不是设计师个人的纯艺术创作。设计师在设计中所选用的素材、内容都应取得客户的认可，通常这些素材或内容是由客户指定或提供的。设计师的创意和设计理念，也必须在得到客户的认可后才有可能得以实现。由于客户所从事的行业和专业不同，文化层次也不一样，对设计艺术和平面视觉艺术语言的认识和理解也有很大的差距，对于他们在设计上的一些想法和建议，设计师应该有选择地接受，客户有些好的想法和建议常常对整个设计是有帮助的，设计师应该虚心地接受和采纳；有些想法出发点是好的，或有可取之处，设计师可以采用符合设计规律的处理手法，灵活变通地将其吸收到设计中去；对于无法接受的某些要求和意见，设计师应该耐心地对客户进行说服、解释。

　　对于每一个正在从事或准备从事这一行业的设计师而言，应该明确地懂得，平面设计既是一种艺术性的创造活动，同时也是一种有偿的服务性工作，同其他行业一样，要坚持"客户是上帝"的理念。为上帝服务，既是一种荣誉，同时也要付出辛勤的劳动。

2.协作能力

　　以印刷为目的的平面设计，其作品最后在印刷厂完成。设计师的设计必须经过印刷厂的各个印刷加工制作程序，才能得以真正的实现。因此，与印刷厂的协同合作，是平面设计师必须面对的一个工作环节。

当设计师带着设计稿和磁盘来到输出中心和印刷厂家时，其身份就由过去为客户设计时的乙方变成了甲方，成了输出中心和印刷厂的客户。因此对于设计师而言，输出中心和印刷厂也是设计师的设计工作得以延续和完成的合作伙伴。没有印刷厂的密切合作，设计师的设计将无法得以实现。另外，印刷加工程序繁多，工艺复杂，涉及的加工制作人员也很多，其中任何一个环节出现的问题都将影响印刷品的顺利完成。因此，设计师在和印刷厂合作时，不要把自己当成上帝，应当和输出中心或印刷厂的积极配合，这样不仅会为设计师的设计提供许多印刷专业和技术性的支持和服务，可能会为你的设计增色不少，而且还会给设计师或广告公司的业务主管今后的工作带来方便和实惠。

3．诚信

设计师的职业具有双重性，它既是艺术创作，又是商业行为。诚实、守信是设计师应该恪守的商业准则。不守信誉、唯利是图，在这一行业中是做不长久的。

设计师的守信还表现在守时。一方面设计师在设计时要守时，什么时候给客户看稿，什么时候完成设计，都应该遵守对客户的承诺，不要轻易失信。另一方面是印刷产品的交货要守时，这不仅要求设计师在运作印刷业务时有周密的安排，同时也要求设计师有较强的组织、管理和综合协调能力，要处理好同印刷厂的关系，并赢得良好的商业信誉。

由于印刷加工的工序复杂，印刷工艺中难免有一些设计师所不熟悉的制作和加工工艺。当客户提出你所不熟悉的制作和加工要求，如果你明知难度很大并且没有时间去尝试，或现有的设备条件不可能做到时，千万不要随便承诺。印刷是一门科学，一切违背科学的行为都要付出代价。

4．敬业

设计师只有首先敬业，才能做到专业。一个没有敬业精神的设计师，必定在本专业内难以做出成绩。勇于探索、不断创新、精益求精、吃苦耐劳，是设计师应该具备的基本素质和专业精神。

设计是一个永无止境的不断创新和完善的过程，追求完美应该是每一位设计师的职业理想。在设计过程中无论遇到什么样的客户和设计项目，这一理想都不要动摇。每当在设计过程中遇到困难或做不下去时，千万不要轻言放弃。

设计师应该把他设计的每一件作品都当成自己的职业荣誉和个人价值来珍惜、爱护，珍惜、爱护它等于珍惜、爱护自己。不爱护和珍惜自己职业声誉的设计师，永远都不可能成为一个优秀的设计师。

印刷设计是一项很辛苦的智力和体力劳动，通宵加班设计，奔波于客户、输出中心和印刷厂家之间，半夜等在打样或印刷车间看样都是家常便饭。一个没有敬业和吃苦精神的人，是不能胜任这项工作的。

5.认真

做任何工作都得认真，做印刷设计尤其如此。印刷加工中出现的错误往往无法挽回，它没有给设计师改正错误的机会，而给设计师犯错误的机会却无处不在，一不小心就会犯错。因此，细心、耐心、处处小心，是做印刷设计工作必须具备的职业素质。否则你将面临的不是银行的进账单，而是一张张源源不断的罚款通知和扯不清的麻烦。

细心和耐心还表现在对整个印刷工艺程序的全面了解上，对于一个印刷行业的从业人员来说，哪些环节是容易出错的，应该做到心中有数，并随时引起高度的重视，提前预防事故的出现。

另外，印刷业务的整体运作涉及的内容多、范围广、工序复杂，并且通常印刷加工的时间很紧迫，作为设计师或印刷业务的管理人员，在工作中必须要做到有条不紊。因为在印刷设计和制作加工中，越急越容易出错。

6.虚心

客户是设计师服务的对象，无论他的身份、地位和层次怎样，也无论他的业务是大是小，只要设计师承接了这一设计项目，就应该尽心尽力做好。

尊重客户，为他们提供优质服务，是设计师应尽的本份和职责。除此之外，把客户当作自己的朋友，建立良好的私人关系，都会给设计师的工作和将来业务的发展带来很大的方便。在客户心目中，设计师应该有一个良好的个人形象，这也是一种职业品牌。

　　现在大多数的平面设计师都是学美术出身，他们在最初接受基础训练时起，往往会无形中感染许多纯艺术家特有的气质，这本无可非议。但纯艺术家的那种以个人为中心，孤芳自赏甚至愤世嫉俗的处世态度，一方面会使许多身为凡人的客户难以接受，同时也是与商业性设计的基本原则和设计理念相违背的。因此当你一但决定步入这一行业，首先就应该彻底改变自己的职业观念。从事实用性的设计，与纯艺术性的创作有本质上的区别。印刷设计是为他人服务，是有偿的商业行为，设计作品的成功与否，最终是要得到市场和广告的受众即消费者的认可。客户出钱请你设计，是要达到他的商业目的，而不是拿钱让设计师自己借此来宣泄个人的审美情怀，炫耀其自以为是的品位与格调。

　　人们通常在专业比自己强，地位比自己高，或资历年龄比自己老的人面前，会本能地表现出一种谦逊，但在各方面层次都比自己低的人面前，还能表现出同样的谦逊，是设计师在与客户交往中最为难得的修养。

　　当然，虚心并不是说没有职业原则和人格尊严，但设计师在客户面前的职业原则和人格尊严，也应该用宽容的心态和微笑的面孔来体现。

　　设计师除了应该对客户保持热情虚心之外，在印刷这一行业，也应该永远保持虚心的心态。因为印刷既是一门多学科、多专业相互交融的综合性学科，又是一门发展非常迅速的行业，任何一个人都不可能在其中的每一个领域都是专家。虚心的学习和广泛的交流，是设计师在印刷行业中不断自我完善的秘诀。当然，对于平面设计师而言，并不要求在印刷行业中的每一领域都具备专业水平，设计师没有必要去学拼大版、开四色胶印机，但必须从印刷设计的角度对其相互关联的工艺流程全面的了解，并且了解的越深入、越专业，越好。

　　如果设计师始终都将输出中心和印刷厂的专业技术人员与工人师傅们当成自己的朋友和老师，这将会让他在这一行业终身受益。

参考文献

1.牟跃.实用广告设计.北京：人民美术出版社，2001

2.樊志育（台湾）.广告创意、设计与制作技巧.北京：中国友谊出版公司，1993

3.吉.苏尔马尼克（美）.广告媒体研究.北京：中国友谊出版公司，1991

4.冯斌，周建中，慕洋.平面广告创意经典.沈阳：辽宁科学技术出版社，2002

5.靳埭强.中国平面设计.上海：上海文艺出版社，香港万里机构联合出版，1999

6.李巍.平面广告新思维.重庆：重庆出版社，2001

7.项翔.近代西欧印刷媒体研究.上海：华东师范大学出版社，2001

8.朱国勤，倪伟，王文霞.编排设计.上海：上海人们美术出版社，2002

9.倪伟，朱国勤，陈虹.字体设计.上海：上海人们美术出版社，2001

10.卢小雁.平面广告设计.杭州：浙江大学出版社，2002

11.桑金兰.报纸版面创意艺术与电脑编辑.上海：复旦大学出版社，1999

12.晶玉工作室.排版印刷技术.北京：机械工业出版社，2002

13.刘扬.印刷设计.成都：西南师范大学出版社，1998

14.饶忠伟，李文越.图书出版设计手册.哈尔滨：黑龙江美术出版社，2002

15.刘艺琴，郭传菁.平面广告设计与制作.武汉：武汉大学出版社，2002

16.王野光，高秀琴，李金永.印刷概论.北京：中国轻工业出版社，2001

17.车茂丰.现代使用印刷技术.上海：上海科学普及出版社，2001

18.王强，刘金香，洪杰文.印前图文处理.北京：中国轻工业出版社，2001

19.武军，阎素斋，李秉军.包装印刷材料.北京：中国轻工业出版社，2001

20.金银河.包装印刷.北京：化学工业出版社，2003

21.金银河.印刷工艺.北京：中国轻工业出版社，2001

22.金银河.柔性版印刷.北京：化学工业出版社，2001

23.潘杰.现代机原理与结构.北京：化学工业出版社，2003

24.万晓霞，邹毓俊.印刷概论.北京：化学工业出版社，2001

25.宋春萌，张兰英，刘海峰.包装印刷印务包装印刷实习指导.北京：中国轻工业出版社，2001

26.刘武辉.电脑平面设计基础与技巧.北京：北京航空航天大学出版社，2001

27.黄雁飞，韦丽娜.PageMaker 7.0短期培训教程.北京：中国电力出版社，2002

28.刘然，耿永兵，赵仁.精彩实例学用PageMaker 6.5C.北京：国防工业出版社，2001

29.江燕飞.PageMaker 版面设计实例教程.北京：科学出版社，2002

30.程辉，周红明，刘天勇.CorelDRAW 9.0平面设计与制作.成都：四川电子音像出版中心，2000

31.刘庆红.FreeHand 10 标准培训教程.上海：上海科学普及出版社，2002

32.张瑞娟.Painter 7 短期培训教程.北京：北京希望电子出版社，2002

33.姚春生，姚孝宏.Photoshop 7 标准教程.北京：中国电力出版社，2003

34.飞思科技产品研发中心.Photoshop 7 基础与实例教程.北京：电子工业出版社，2002

35.Cher Threinen–Pendarvis（美），李景彬等译.The Painter 7 Wow Book.北京：中国青年出版社，2002

后　记

在长期的教学和平面设计实践中，深感印刷类平面设计所涉及的范围之广、种类之多、工艺之繁杂，远远超过了我们过去在美术学院或设计艺术学院中所学到的专业知识和技能。因此我认为，对于平面设计专业的学生来说，加强对印刷技术和工艺的学习与了解，在设计实践中将设计艺术与现代印刷工艺完美地结合起来，充分运用印刷工艺中的新材料、新工艺、新技术来丰富和完善自己的设计表现形式和手法，不仅非常必要，而且与设计基础训练、计算机平面设计训练同等重要。

本书是作者多年来从事印刷设计实践和计算机平面设计教学的一个总结，其中大部分有关印前和印刷方面的知识，都是通过在实践中逐步体会、向印刷方面的专家请教，以及通过理论上补充学习的结果。将这些经验和体会写下来，希望能对从事平面设计专业的同行们有一定的借鉴作用，特别是希望对平面设计专业的学生将来走向社会、更快地适应实际工作的需要有所帮助。

本书的原始框架是作者在大学中教授电脑美术设计、计算机排版设计课程所编写的教案。由于平面设计、计算机和印刷技术的发展日新月异，该教案几乎每年都要经过一次大的修改。虽然一直想努力写好此书，但由于学识和水平有限，写作多次中断。感谢许多前辈、同行和朋友的鼓励与支持，此书今天总算与读者见面了，书中诸多疏漏谬误之处，期望读者不吝指正。

感谢我所在学校长期以来一直坚持教学与社会实践相结合、强调理论联系实际的教学指导思想，使我们专业教师有机会走向社会参与实践和竞争，并将在社会实践中所学到的新知识、新观念、新工艺及时地反馈到教学工作中去。

感谢我所有的客户。由于他们的信任而给了我长期而大量的实践机会，也由于他们对设计和印刷质量的高标准和严要求，使我每时每刻都感受到竞争的压力和不断学习、提高、自我完善的紧迫性。也是出于从内心深处感谢他们的信任，我对所从事的这一工作不敢有丝毫怠慢。

感谢我所结识的所有输出中心、印刷和印后加工厂的专业技术人员、业务人员、管理人员及各制作加工工序的师傅们。他们无论是过去、现在、还是将来都是我的老师、师傅和朋友。

本书所用示范图例分别来源于美国设计图库有限公司出版的《莫比设计年鉴》、三湘都市报广告部和长沙理大文化传播有限公司。此外，本书借鉴了许多前辈和同行专家们的成果，未能一一详注，在此一同深表感谢。

在本书的编辑出版过程中，得到了中南大学出版社社长文援朝教授、编辑陈应征、汪宜晔等同志的热情帮助和指导，在此表示由衷的感谢！

作者 2003 年 8 月于长沙理工大学设计艺术学院